大学计算机学科学术研究进展系列丛书

片上软件系统

胡　威　严力科　著

科学出版社

北　京

内 容 简 介

本书以片上集成的可编程存储器为基础,提出片上软件系统的理论,并给出相应的设计与性能分析。片上软件系统的核心思想是,将以内存为基础来支撑软件系统的运行,转移到以片上集成的可编程存储器为基础来支撑软件系统的运行。片上可编程存储器具有访问速度快、功耗低的特点,能够有效地避免由于"内存墙"的存在所造成的高访问延迟、高功耗的问题。片上软件系统能够以片上可编程存储器的特点为基础,提升嵌入式操作系统的效率,加快程序的执行速度,减少消耗在存储器访问上的时间,降低因存储访问带来的能耗,改进嵌入式软件系统的运行效率,从而提高嵌入式系统的整体性能。

本书可供从事嵌入式存储系统、嵌入式系软件、嵌入式系统节能计算等方面研究的科研人员、教师、学生、工程师参考。

图书在版编目(CIP)数据

片上软件系统/胡威,严力科著. —北京:科学出版社,2015.11
(大学计算机学科学术研究进展系列丛书)
ISBN 978 - 7 - 03 - 046214 - 5

Ⅰ.①片…　Ⅱ.①胡…②严…　Ⅲ.①程序设计　Ⅳ.①TP311.1

中国版本图书馆 CIP 数据核字(2015)第 262648 号

责任编辑:张颖兵　杜　权/责任校对:董　丽
责任印制:高　嵘/封面设计:苏　波

科 学 出 版 社 出版
北京东黄城根北街 16 号
邮政编码:100717
http://www.sciencep.com

武汉市新华印刷有限责任公司印刷
科学出版社发行　各地新华书店经销

＊

开本:B5(720×1000)
2015 年 10 月第 一 版　印张:8 1/4
2015 年 10 月第一次印刷　字数:175 000
定价:45.00 元
(如有印装质量问题,我社负责调换)

前　　言

　　半导体技术与计算机技术的发展推动着嵌入式系统的快速发展。随着嵌入式系统应用领域的不断扩大和应用深度的扩展，在性能、实时性与能耗等方面提出了更高的要求。嵌入式系统的软、硬件需要协同进行高效率的设计，来满足应用的需求。随着以 SoC 和 MPSoC 为基础的嵌入式系统研究不断深入，通过提高片上面积的利用效率，来集成更为丰富的器件，从而获得更好的性能；利用片上高性能器件来提升嵌入式系统的整体性能是当前嵌入式系统研究的重点之一。

　　嵌入式系统由于其面向应用领域定制的特点，往往对性能和功耗具有较为严格的要求。因此，如何提高嵌入式系统的性能、降低其功耗就成为嵌入式系统研究的重要方向。其中如何降低由于"内存墙"的存在所造成的访问延迟和高功耗是关键，而片上可利用面积的增加使得在嵌入式处理器上集成存储器成为解决这一问题的重要方法。片上可编程存储器有利于缩小处理器核与内存之间的访问延迟，提高系统的整体性能。通过软件控制的方法，可以将代码和数据存放在片上可编程存储器中，提供给处理器使用，支撑系统的运行。由于片上可编程存储器具有软件可控制、响应速度快、占用片上面积小、能耗低的特点，在嵌入式系统中得到了越来越广泛的应用。

　　本书对片上软件系统进行系统性的论述。单核嵌入式处理器与多核嵌入式处理器具有明显不同的硬件特点，所继承的片上可编程存储器也具有不同的配置和访问特点。针对集成了片上可编程存储器的芯片，片上软件系统进行了两种不同硬件平台上的研究，分别是基于单核嵌入式处理器的片上软件系统和基于 MPSoC 嵌入式处理器的片上软件系统。在理论研究的基础上，也分别进行性能的分析。片上软件系统的主要特点如下：

　　第一，片上软件系统以片上可编程存储器为硬件支持，构建了片上的嵌入式操作系统及其软件优化。与传统的嵌入式软件相比，由于片上软件系统将软件核心部分从片外存储器以及片上硬件控制存储器转移到了片上可编程存储器，降低了访问片外存储器所带来的延迟与功耗，减少了访问片上硬件控制存储器所带来的功耗。

　　第二，以片上软件系统为核心的嵌入式操作系统优化。设计了片上软件系统的调度算法，将片上可编程存储器与其他资源的状态加入到调度算法当中，从而使得调度算法能够根据片上可编程存储器和其他资源的状态来进行分组的调度；将进程调度模块分配到片上可编程存储器上运行,从而加快进程调度模块的执行速度;将嵌入式操作系统微内核化,对微内核实行构件化,从而可以将微内核或者微内核的部分构件运行在片上可编程存储器上,提高操作系统的运行效率。

第三,以片上软件系统为中心提出了片上可编程存储器的多道程序共享。通过对嵌入式程序进行分析,生成存储对象。这些存储对象在运行时,可以被调度到片上可编程存储器上,利用片上可编程存储器的特点加快程序的运行速度,减少程序运行时的能耗。

第四,面向 MPSoC 体系结构的片上软件系统。对于传统的嵌入式程序,通过编译分析析取存储对象。通过操作系统专门的片上可编程存储器管理器在多道程序之间进行协同,达到多道程序共享片上可编程存储器的目的。通过对程序的线程化,提高程序的并行性,同时由于线程流水,存储对象将会相对稳定的驻留在片上可编程存储器上,从而实现对程序运行加速的目标。此外,在片上软件系统中引入了片上事务存储,利用片上可编程存储器来实现片上软件系统中的事务存储,同样可以提高系统的性能。

对于片上软件系统的性能,本书分别在嵌入式硬件平台上和模拟平台上的实验得到了验证:

一是在嵌入式硬件平台下验证了面向单核处理器的片上软件系统。通过多个测试程序的运行,对片上软件系统及其主要技术点进行了性能验证和分析。实验结果表明,面向单核处理器的片上软件系统能够有效地提高嵌入式系统的性能,降低系统运行时的能耗。

二是在模拟平台下对面向 MPSoC 的片上软件系统进行了验证。通过多个测试程序并行来验证 MPSoC 下多道程序共享;通过线程化的测试程序来验证多线程优化;将多道程序共享与多线程优化结合进行了验证。实验结果表明,在 MPSoC 环境下,片上软件系统能够提高程序的运行速度,提升系统的性能。

本书关注于嵌入式软件系统的性能提升和能耗优化,以 ScratchPad Memory 等片上可编程存储器为硬件基础,提出片上软件系统的思想,通过将嵌入式软件系统从内存迁移到片上可编程存储器,从访问内存转变为访问片上的可编程存储器来提高数据获取速度、降低软件系统的能耗,提升嵌入式系统的性能。本书以片上软件系统为中心,主要进行了以下的研究:

第一,片上软件系统的整体设计框架。片上软件系统的设计思想,是以高集成度的 SoC/MPSoC 和片上可编程存储器为硬件基础,进行嵌入式软件系统的设计。本书研究了片上软件系统的整体设计框架,指出在基本硬件基础上,片上软件系统的主要构成,并综合分析片上软件系统的性能。

第二,面向片上可编程存储器的嵌入式操作系统优化。通过对嵌入式操作系统中调度算法的改进,对嵌入式操作系统的进程调度模块进行优化,将进程调度模块分配到片上可编程存储器上运行;将嵌入式操作系统微内核化,对微内核实行构件化,从而提高嵌入式操作系统的运行效率。

第三,片上软件系统中多道程序共享片上可编程存储器。通过对嵌入式程序进行分析,生成存储对象。这些存储对象在运行时,可以被调度到片上可编程存储器上,利用片上可编程存储器的特点加快程序的运行速度,减少程序运行时的能耗。

第四,面向 MPSoC 体系结构的片上软件系统。对于传统的嵌入式程序,通过编译分析析取存储对象。通过操作系统专门的片上可编程存储器管理器在多道程序之间进行协同,达到多道程序共享片上可编程存储器的目的。通过对程序的线程化,提高程序的并行性,同时由于线程流水,存储对象将会相对稳定地驻留在片上可编程存储器上,从而实现对程序运行加速的目标。

本书所提出的片上软件系统,充分利用片上可编程存储器的特点,设计片上软件系统的框架,通过嵌入式操作系统、多道程序共享、多核嵌入式系统的优化,来实现片上软件系统对嵌入式系统的整体性能优化。本书的研究内容能够有效地通过基于片上可编程存储器的优化,提升嵌入式系统的整体性能,降低功耗推动片上可编程存储器在嵌入式系统中的进一步研究和应用。

本书综合了相关专家学者的最新成果和本人的研究工作,但由于本领域技术内容丰富、发展迅猛,书中难免存在不足或疏漏之处,希望广大读者批评指正。

胡　威

2015 年 8 月 18 日

目　　录

第 1 章　绪　论

随着计算机技术的发展,嵌入式系统的使用越来越广泛,应用环境对嵌入式系统的性能、实时性和能耗等方面的要求也越来越高。而通过 SoC 和 MPSoC 技术,在片上集成的存储器对提高嵌入式系统的性能有重要的作用;尤其是片上可编程存储器的出现,有利于减少程序运行时间,提高性能,减少能耗。本书首先介绍嵌入式系统的发展与片上可编程存储器的基本特点,以对片上可编程存储器的分析为基础,提出片上软件系统的设计思想。

1.1　嵌入式系统的发展

嵌入式系统出现于 20 世纪 70 年代,是最为常见的计算系统。随着半导体技术和处理器技术的不断发展,嵌入式技术日新月异,各类嵌入式系统得到了广泛的应用,包括工业领域和生活领域。嵌入式系统在不同的工业领域中的设计与应用已经超过 40 年,包括航空航天、铁路、能源和工业控制等领域和方向[1]。与此同时,由于嵌入式系统在性能不断提高的同时成本也大幅度地下降,它也作为日常使用的电子设备,在汽车、家电和移动通信等领域得到了广泛的应用[2],尤其是随着移动互联网和物联网等网络的发展,嵌入式系统更是成为必不可少的基础设备。嵌入式系统的使用远远超过了各种通用的计算机系统,在微处理器产品中,99%使用的是嵌入式系统[3-4]。

从系统角度来看,嵌入式系统是以应用的需要为基础,采用计算机技术,对软硬件进行裁剪,从而满足定制要求的专用计算机系统[5],具有面向用户、面向产品和面向应用定制的特点。嵌入式系统由于受到应用与应用环境的限制,在功能、可靠性、成本、体积和功耗等方面具有严格的要求,是软件与硬件一体化的计算系统。

通常嵌入式系统的结构可以分成嵌入式硬件和嵌入式软件两大部分。其中,嵌入式硬件又包括嵌入式处理器和嵌入式外围设备;而嵌入式软件则包括了嵌入式操作系统、嵌入式应用软件和开发工具。各种类型的嵌入式处理器是嵌入式系统的核心部件[6],嵌入式系统的主要数据处理工作由嵌入式处理器完成,它决定了嵌入式系统的性能。嵌入式外围设备包括了 DRAM,LCD、键盘、音视频和传感器等,具有很强的定制性。面向不同应用领域的嵌入式系统往往具有不同的嵌入式外围设备。嵌入式系统通过嵌入式外围设备来获得数据,并做出反馈。嵌入式操作系统负责控制与管理嵌入式系统的硬件资源,并向嵌入式软件提供接口,它的设计与实现对嵌入式系统的整体性能有着重要的影响。嵌入式软件则为用户提供不同的功能。

随着半导体技术和计算机技术的发展,摩尔定律将会在 10 年内继续有效[7],芯片的集成度将会进一步提高;在性能得到提升的同时,芯片的面积和价格也在不断降低。芯片集成度不断提高,使片上系统(system on chip,后文统称 SoC)技术以及片上多处理器(multi processor system on chip,后文统称 MPSoC)得到了发展与应用,以满足嵌入式系统在计算能力、通信能力和功耗方面不断增长的要求。这给嵌入式系统提供了具有更高性价比的硬件基础,嵌入式系统的应用范围进一步扩大。几乎所有的产品都可以进行芯片的集成,具备计算的能力,这种现象被称为“消失的计算机”(disappearing computer),这意味着嵌入式系统将无处不在[8]。与此同时,应用对嵌入式系统的要求也进一步提高,嵌入式系统既要具备较强的计算能力,能够提供丰富的功能,同时也需要相应的通信能力以及较低的功耗[9],来满足应用的需求。

1.2　SoC 的发展

随着半导体技术的不断进步,超大规模集成电路(very large-scale integrated,后文统称 VLSI)的集成密度在大幅度增加[10]。SoC 技术是将一个系统的全部功能模块集成到单一的芯片上,从而实现在单个芯片上集成完备的系统功能[11]。越来越多的晶体管被集成到同一芯片上,单一芯片上集成度的不断提高使得 SoC 技术得到了发展和应用。集成在 SoC 芯片上的通常是知识产权(intellectual property,后文统称 IP)核。IP 核具有可重用的特点,包括了嵌入式处理器、存储模块、接口模块和面向应用定制的处理构件等[12]。在 SoC 上集成的 IP 核可以分为三类[13]:软核(soft IP),是指使用寄存器传送级别(register transfer level,后文统称 RTL)或者更高级别进行描述的 IP 核;硬核(hard IP),是指具有固定的层结构,并且针对特定过程中的特定应用进行了定制的优化过的 IP 核;固化核(firm IP)是指已经做了描述但是提供了参数供设计人员进行应用定制的 IP 核。

SoC 不仅集成的晶体管数量多,而且由于集成了不同种类的功能和技术,并且实现了软硬件协同工作,使得 SoC 具有复杂的体系结构和逻辑接口[14]。SoC 的高集成度也使得 SoC 的功能极为丰富,提高了对片上面积的有效利用,缩短了片上连线的长度,降低了系统的基础功耗,从而提高了整个系统的性能。由于 IP 核具有可重用性,在 IP 核设计完成后,相当数量的 IP 核被大多数 SoC 系统所使用和集成。在设计平台级的嵌入式系统时,这种重用性极大地提高了开发效率[15]。

MPSoC 是对 SoC 技术的进一步发展,结合了 SoC 技术与多核技术的特点,是指具有多于一个嵌入式指令集处理器的 SoC[16]。多核技术是指在同一个芯片上集成多个处理器核,以提高处理器的处理能力。如果芯片上所集成的多个处理器核相同,处理器核之间地位相同,则称为同构多核处理器;如果芯片上所集成的处理器核不同,有主处理器和协处理器之分,则称为异构多核处理器[17-19]。MPSoC 片上既有多个处理器核,又集成了不同种类的硬件器件,具备丰富的功能,兼具 SoC 和多核的优点。

在 SoC 与 MPSoC 芯片上,往往会集成存储器,为处理器核提供存储服务,从而提高处理器的效率。

1.3　嵌入式系统中的片上存储器

随着嵌入式系统的不断发展,性能、功耗与实时性已经成为其设计的主要要求。在嵌入式系统的设计中,存储层次的设计非常重要。存储层次设计的优劣对嵌入式系统的整体性能、能耗与实现成本有极大的影响。在嵌入式系统的发展过程中,一直都是处理器速度的增长远超过动态随机存取存储器(dynamic random access memory,后文统称 DRAM)访问速度的增长。在过去的数十年中,处理器速度增长是每年 $50\%\sim100\%$,而 DRAM 速度的增长只有每年 7%[20],二者间具有非常显著的增长差异。由于处理器速度增长远远超过了 DRAM 的访问速度增长,导致处理器往往需要浪费大量的时间等待较慢的存储器件的访问,以获得继续执行的数据。因此对整个系统性能影响最大的不是处理器的执行速度,而是存储器的速度。

在存储器与处理器之间一直存在着的较大的速度差距,就是“存储墙(memory wall)”问题[21]。随着处理器计算能力的不断提高,虽然存储器的访问速度也在增加,但是由于处理器计算能力的增加速度更快,这种差距不但没有缩小,反而越来越大。处理器与存储之间的速度差距成为影响系统性能进一步提升的主要瓶颈[22]。因此,嵌入式系统中,存储子系统一直是提高系统性能的桎梏。不仅如此,在嵌入式系统中存储子系统也是系统能耗的主要消耗点。在嵌入式系统中,存储子系统的能耗往往占到了整个系统能耗的 $50\%\sim70\%$[23-24]。

SoC 技术的发展使缩小处理器与存储之间的速度差距成为可能。处理器片上不但可以集成存储器,还提供了高性能的片内总线,能够有效地提高存储器的速度,同时降低能耗。随着集成度的提升,SoC 上存储器将会占据片上面积的 50% 以上[25]。使用片上的存储器能够有效地减少系统能耗,提高整体性能[26]。因此,很多嵌入式处理器上都集成了存储器。

在嵌入式系统中,DRAM 与 SRAM(static random access memory)是最常用的两种存储器。SRAM 的速度是 DRAM 的 10～100 倍,但是价格也是 DRAM 的

20 倍以上[27]。因此在嵌入式系统中,DRAM 通常用作容量大的存储层次;系统同时提供较小的 SRAM 来存储最常用的数据以减少运行时间。具有 SRAM 的系统往往会比仅使用 DRAM 的系统性能高 20% 以上。

在嵌入式系统的多级存储层次中,Cache 就是集成在片上的 SRAM。通常 Cache 是由硬件控制,对程序员是不可见的;而片上所集成的非 Cache 形式的 SRAM 和 DRAM 都是可编程的。由于片上集成的可编程存储器中 SRAM 较多、性能更好,具有更典型的片上可编程存储器的特点,本书在进行研究和测试时,主要关注于 ScratchPad Memory。与 Cache 不同,ScratchPad Memory 是由软件控制,即它是片上的可编程存储器[29]。

与 Cache 相比,ScratchPad Memory 不需要众多的控制线和控制位,所占用的片上面积更少,因而可以在片上集成更大容量的存储器;ScratchPad Memory 在设计上比 Cache 简单,访问通过寻址实现,访问 ScratchPad Memory 所需的能耗比 Cache 小;ScratchPad Memory 具有可编程的特点,这使得能够更好的通过程序和系统优化对 ScratchPad Memory 进行控制。因此,ScratchPad Memory 在嵌入式系统中得到了越来越广泛的使用。

1.4　片上软件系统的研究意义

嵌入式系统的发展迅速,其应用也越来越广泛。嵌入式系统以应用为中心,其软、硬件的设计与实现都是围绕具体的应用环境进行定制,也必须依赖于提高使用者的体验。随着嵌入式系统应用的不断深入,性能、实时性与能耗等方面对于嵌入式系统的要求越来越高,并且这些要求有可能相互之间是冲突关系[30]。嵌入式系统的软、硬件需要协同进行,对系统进行高效率的设计,以满足应用的需求。基于 SoC 与 MPSoC 的嵌入式系统研究的不断深入,片上面积的利用效率越来越高,所集成的器件种类丰富,性能和容量也不断提升。利用片上高性能器件来提升嵌入式系统的整体性能更是当前嵌入式系统研究的重点之一。由于片上可利用面积的增加,越来越多的嵌入式处理器将存储器集成在片上,通过片上高速总线来进行访问。片上存储器的集成度提高,容量和速度也都大为增加。片上存储器有利于缩小处理器核与内存之间的访问延迟,提高系统的整体性能。

目前最为常用的片上存储器类型是 Cache。Cache 一直是桌面处理器的标准存储器。Cache 的主要优点是它由硬件控制,对它的各种操作由硬件自动完成。因而 Cache 能够对常用数据进行自动管理,进而提高系统性能。Cache 对于系统中运行的程序来说是透明的。硬件提供对 Cache 操作的支持,包括读写 Cache、从内存中取数据、向内存中写入数据,以及对 Cache 数据的管理[31]。

然而在嵌入式系统中,由于运行在处理器上的程序是受硬件资源条件限制的,因此 Cache 的性能远不如桌面处理器的 Cache。研究表明,将 Cache 用于嵌入式系统时,所消耗的能耗更高[32],占用了更多的片上面积,并且性能上的表现远远不如在桌面处理器上的表现[33-34]。因此尽管 Cache 在嵌入式系统中也得到了应用,但是由于 Cache 会降低最坏情况时的性能,是否在嵌入式系统中采用 Cache 结构是有争议的[28]。

由于 Cache 的种种不足,出现了另一种将 SRAM 集成到片上的方式,即 ScratchPad Memory 的方式。ScratchPad Memory 是集成到芯片上的非 Cache 用途的 SRAM 存储器的统称,也是片上可编程存储器的主要形式。在某些高端嵌入式处理器上,可以通过特定的开关在 ScratchPad Memory 和 Cache 之间进行转换,这使 ScratchPad Memory 具有了更大的优势。通过软件控制的方法,将数据存放在 ScratchPad Memory 中,提供给处理器使用。由于 ScratchPad Memory 具有软件可控、响应速度快、占用片上面积小、能耗低的特点,在嵌入式系统中得到了越来越广泛的应用。

现有的研究主要是对单个的嵌入式应用程序进行优化,其主要方式是通过对单个程序进行分析,选取适当的程序片段,通过经过控制的编译过程,将选定的程序片段分配到 ScratchPad Memory 上。研究结果表明,通过 ScratchPad Memory 进行优化,能够有效地提高程序运行的速度,减少程序运行时的能耗。但是由于只对单一的应用程序进行分析和优化,现有的研究缺少对多程序并行的优化,也缺少对嵌入式操作系统的优化研究。因此,现有的研究具有较大的局限性,尽管能够在一定程度上提高系统性能,但是对 ScratchPad Memory 的利用率不高,并实际使用的可行性较少。

本书关注以 ScratchPad Memory 为代表的片上可编程存储器的有效使用,研究基于片上可编程存储器尤其是 ScratchPad Memory 的嵌入式系统优化,提出了片上软件系统的设计思想,通过对嵌入式操作系统进行优化、多道程序共享 ScratchPad Memory 的优化以及对 MPSoC 进行优化,来提高嵌入式系统的整体性能,形成以片上可编程存储器为基础的嵌入式软件系统整体解决方案。

第 2 章 片上可编程存储器

片上软件系统的研究以片上可编程存储器为基础。本章首先介绍 Cache 作为嵌入式系统的片上存储器的研究,分析 Cache 用于嵌入式系统的缺点。随后对既有的对片上可编程存储器的研究进行分析,对各种不同的片上可编程存储器优化技术做分类综述。最后在对优化方法进行分析和总结的基础上,提出现有方法所存在的问题的解决方法。

2.1 片上可编程存储器概述

2.1.1 片上可编程存储器的特征

片上可编程存储器是指可进行编程的片上存储器,是对程序员可见的,程序员可以像使用内存一样使用片上存储器。片上可编程存储器分为两类:一类是集成到片上的非 Cache 形式的 SRAM(即 ScratchPad Memory);另一类是集成到片上的 DRAM。DRAM 是由一个晶体管构成的,为了防止信息的丢失,使用 DRAM 时必须周期性的对 DRAM 进行刷新;而 SRAM 则是由 6 个晶体管构成[25],在使用 SRAM 的过程中,不需要定时对电路进行刷新。因此 SRAM 在存储过程中所消耗的电能比较少,而读写的性能比较高;但是由于 SRAM 追求的是高速和稳定性,在集成度上不如 DRAM,而且成本相对较高。在进行片上可编程存储器的研究时,一般主要关注于 ScratchPad Memory 的研究,其方法同样可用于以 DRAM 为硬件基础的片上可编程存储器。本书后续章节中所述片上可编程存储器是指 Scratch-Pad Memory。

由于 SRAM 的上述特点,这种存储器首先被用作计算机系统中的高速缓存即 Cache。Cache 很早就被提出用做处理器与内存之间的数据缓冲,并且在通用计算机中,Cache 被证明能够有效地提高系统的性能。很多嵌入式处理器尤其是高端的嵌入式处理器也集成 Cache,以提高对存储器的读写速度。与内存相比,Cache 具有更快的访问速度,有利于减少存储访问延迟。在嵌入式系统中,SRAM 同样也被集成到片上作为 Cache 使用。

Cache 是完全使用硬件进行管理和调度的,因此它对于程序员来说是不可见的,程序员难以在程序设计阶段来使用它。基本的 Cache 结构如图 2.1 所示[35]。Cache 一般来说会被划分成不同的块,与内存中的存储块进行映射。Cache 的每个单元存储块需要增加相关标志来确认数据是否装入 Cache 以及装入 Cache 的数据是否有效。其中标志位表示对应的内存块是否已经装入 Cache 当中,有效位用来标记装入 Cache 中的数据是否有效,以说明内存中对应块在 Cache 中的副本是否正确有效。

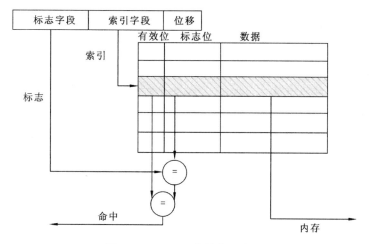

图 2.1　Cache 基本结构示意图

当处理器需要进行数据读写操作时,首先会对 Cache 进行读写。在对数据进行操作之前,需要通过地址当中的标志字段和索引字段分别与 Cache 的标志位和有效位进行比较,确认所请求的数据是否已经装入 Cache 中并且是否是有效的数据。如果所请求的数据在 Cache 中并且是有效数据,将对数据进行操作,这就是 Cache 命中;否则就称为 Cache 失配,这是就需要访问更低层的存储器,将数据从内存搬运进 Cache。此后再访问同一数据就不用再从内存中获取。

将 Cache 应用在嵌入式系统中能够在一定程度上提高系统的性能,但是与片上可编程存储器相比,尽管两者都是由 SRAM 集成到片上,由于运行机制不同,它也会存在以下一些问题。

第一,在嵌入式系统的应用中,实时性是必然要求,必须考虑实时任务的处理。尽管 Cache 有利于降低存储访问延迟,但是由于 Cache 失配时会产生长时间的延迟,这种延迟的长度也是不可预测的,这使得在使用 Cache 后访问时间出现了不确定性[36],对系统性能具有重大的影响。与此同时,Cache 可能会出现冲突,从而给存储系统增加额外的负担并影响正在进行中的存储访问,这将降低系统的性能。片上可编程存储器是直接访问,不存在这一问题。

第二,Cache 需要更多的片上面积。Cache 由于是硬件控制,需要在设计时增加连线,在对 Cache 进行读写操作时,又需要额外的标志位、有效位和比较器进行数据装入与否和有效性的判断,这大大增加了 Cache 所占用的片上面积,减少了可以有效利用的空间[37]，同时，这也导致了成本的增加。片上可编程存储器是软件编程控制，不存在 Cache 那样的比较过程，不需要额外的标志位、有效位和比较器，减少了占用的片上面积和能耗。

第三，嵌入式系统往往是采用电池供电[38]，对功耗和电池的寿命特别关注。Cache 访问的复杂性和较大的片上面积使得它的能耗较大，不利于满足嵌入式系统对能耗的要求。而片上可编程存储器通过地址访问，不需要额外的控制线和控制位，减少了访问的复杂度，也减少了所需要的片上面积，从而能够有效地降低系统的能耗。

针对片上可编程存储器与 Cache 的研究[39]结果表明，片上可编程存储器的能耗比 Cache 少 40%。由于减少了用作标记位等的容量和连线的数量，所占用的片上面积是 Cache 的 66%。同时，与 Cache 相比，使用片上可编程存储器作为片上存储器，能够将程序的性能提升 18%。此外，由于片上可编程存储器可由程序员或者程序控制使用，程序运行时对存储的访问是可预期的，有利于系统实时性的保证。因此无论从片上面积、实时性、成本、功耗等各个方面来说，片上可编程存储器都远远地超出了 Cache，这使得片上可编程存储器在嵌入式系统中将逐渐取代Cache，占据片上存储器的主要地位[39-40]。

2.1.2　集成片上可编程存储器的单核处理器结构

集成于单核处理器上片上可编程存储器通常与 Cache 并存于片上。典型的集成了片上可编程存储器的单核嵌入式处理器的框架图如图 2.2 所示[29]。处理器核通过片上总线与片上可编程存储器、Cache 和外部存储器接口（external memory interface）相连；外部存储器接口则负责处理器核、Cache 和片上可编程存储器与外部存储器的连接。

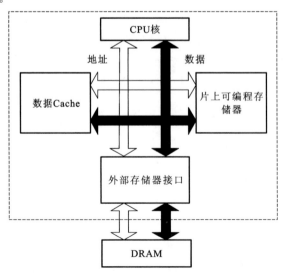

图 2.2　集成片上可编程存储器的单核处理器结构示意图

当处理器核请求数据时,如果 Cache 命中,由 Cache 发出的命中信号通过数据总线进行数据的传输或者对 Cache 的数据进行操作;如果片上可编程存储器命中,则由片上可编程存储器发出命中信号[29];如果 Cache 和片上可编程存储器都没有命中,则由外部存储接口向外部存储器进行交互,进行数据操作。片上可编程存储器在存储层次中与 Cache 地位相同。如果片上可编程存储器命中,对片上可编程存储器中的数据进行操作时,这部分数据是不会先进入 Cache 的,数据传输直接在片上可编程存储器与处理器核之间进行。

在片上可编程存储器的编址上,往往将片上可编程存储器的地址空间映射到内存空间上。映射方法既可以是将整个片上可编程存储器地址空间映射到内存空间,也可以是分段映射,与具体的处理器实现有关。图 2.3 是将片上可编程存储器地址空间映射到内存空间的示意图[41]。

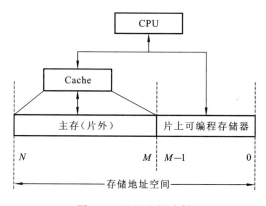

图 2.3 地址空间映射

在这种映射方式下,完整的地址空间被划分成两个部分。一部分被分配给片上可编程存储器,作为片上可编程存储器地址空间使用(图 2.3 中的 0 到 $M-1$ 这一段地址空间)。通常片上可编程存储器的容量与主存的容量相比要小得多,因此片上可编程存储器的地址空间只占整个地址空间很小的一部分,而剩下的地址空间则仍然分配给内存使用(图 2.3 中的 M 到 N 这一段地址空间),这部分地址空间占用了大部分的存储地址空间。这样,尽管片上可编程存储器是在片上,但是处理器对片上可编程存储器的访问却可以像访问内存一样进行访问,并且访问的周期数与处理器访问 Cache 的周期数相同。而处理器对内存的访问,则仍然是通过 Cache 进行,只有当 Cache 失配或者回写数据时,通过外部存储接口访问内存[41]。

很多嵌入式处理器都已将片上可编程存储器作为固定的配置集成在处理器芯片上。在这些嵌入式处理器中,既包括了低端的嵌入式处理器如一些 DSP[42-43],也有中高端的嵌入式处理器,如 Intel/Marvell 的 XScale PXA 272[44],PXA 320[45] 和 Motorola Dragonball[46]。在某些处理器上则直接使用片上可编程存储器取代了 Cache,如 Motorola 68HC12[47] 和 Motorola MCore[48]。在这样的处理器上,处理器核直接通过片上总线与片上可编程存储器相连,而对内存数据的操作也不再需要经过 Cache。尽管如此，由于片上可编程存储器的操作方式并没有改变，在这样的处理器上进行片上可编程存储器的读写操作，不会降低片上可编程存储器性能，只是需要在编译时进行控制[19]。

目前关于单核嵌入式处理器基于片上可编程存储器的研究主要采用了本节所述的片上结构。而本书所提出的片上软件系统中，对单核嵌入式处理器的片上可编程存储器的优化方法研究使用了本节图 2.2 所示的处理器结构和图 2.3 所示的地址空间映射方法。

2.1.3　集成片上可编程存储器的 MPSoC 结构

多核是在一块芯片上集成多个独立的处理器核心，核之间通过片上总线进行互连，通过共享的存储器进行通信。这样的多核处理器称为片上多处理器（chip multiprocessor，后文统称 CMP）[50]。多核的出现使嵌入式系统的处理器进入到了 MPSoC 的时代。MPSoC 的出现和发展进一步提高了系统芯片上的集成度和嵌入式系统的性能[51]。

在 CMP 出现之后，多个处理器核之间的通信成为设计 MPSoC 的主要问题之一。在通用计算机片上处理器的设计中，多个处理器核之间采用共享存储的方式进行通信。Hydra[52]，Core[53] 和 DCOS[54] 都是采用了共享高速缓存（Cache）的方式来进行核间的通信。同时，片上可编程存储器也作为一种提高数据处理性能的方式存在。但是由于传统的桌面处理器更倾向于使用 Cache，往往片上可编程存储器使用较少。

尽管共享高速缓存的方式对于核间的数据传输速度有很大的提高[55]，但是对于应用于嵌入式领域的 MPSoC 来说，Cache 不仅增加了片上面积，而且带来了较高的功耗。这些问题不但在嵌入式系统中需要着重考虑，在进行多核设计时也必须要考虑[56-57]。

多核的出现对存储系统提出了更高的要求，如果片上可编程存储器低功耗、高性能的特点能够得到利用，那么 MPSoC 的性能将能够进一步的提升。目前，对于集成了片上可编程存储器的 MPSoC 芯片的结构，提出了不同的体系结构。例如，Ozcan 等提出了如图 2.4 所示的 MPSoC 结构[58]。

在这样的芯片中，每一个处理器核都拥有本地存储，而所有的本地存储均不再是传统的 Cache 方式，而是由片上可编程存储器所组成。图 2.4 中箭头方向表示数据的迁移过程，分别是从片外存储器搬迁到片上存储器，片上存储器之间的数据迁移以及从片上存储器到片外存储器的数据迁移。片上处理器核心之间的数据共享，则是在片上存储器之间的数据迁移过程中实现。

图 2.5 则表示了另外一种集成了片上可编程存储器的 MPSoC 体系结构[59-60]。

在图 2.5[59] 所示的 MPSoC 体系结构中，每个芯片上都有数个处理器核。这些处理器核可以是同构的也可以是异构的。此外，片上还集成了片上可编程存储器。

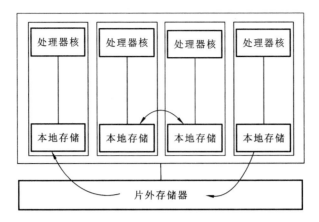

图 2.4　集成片上可编程存储器的一种 MPSoC 示意图

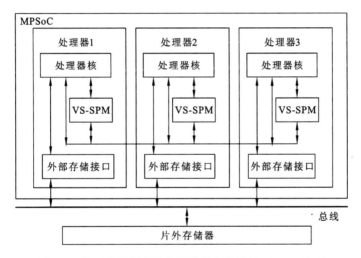

图 2.5　基于虚拟共享片上可编程存储器的 MPSoC 体系

所有的这些片上可编程存储器共同构成了虚拟共享片上可编程存储器（virtually shared scratchpad memory，后文统称 VS-SPM)[60]。对于每个处理器核，都有它自己的私有的片上可编程存储器（private scratchpad memory），它可以访问自己的私有片上可编程存储器，也可以访问其他处理器核的片上可编程存储器（此时这些片上可编程存储器被称为远端片上可编程存储器，remote scratchpad memory)[59]。通过这些不同类型的片上可编程存储器，来实现本地数据的使用以及各个处理器核之间数据的共享。在图 2.5 所示的 MPSoC 体系中，仍然可以保留指令 Cache 和小的循环专用 Cache。这些 Cache 的管理由硬件进行，与 VS-SPM 的管理是正交的[60]。

　　本书面向 MPSoC 嵌入式处理器的片上可编程存储器的优化研究使用了本节图 2.5 所示的 MPSoC 处理器结构。

2.2　嵌入式处理器的片上可编程存储器优化

作为集成在片上的 SRAM 存储器,片上可编程存储器由于占用的片上面积少、访问速度快、能耗低而被应用于嵌入式系统。对于程序员来说,片上可编程存储器是可见的,这与 Cache 对程序员的不可见性不同。对于采用了片上可编程存储器的嵌入式系统,程序员需要自行处理数据在内存和片上可编程存储器之间的关系。对于片上可编程存储器的使用,需要由程序员进行控制,也就是说软件需要对片上可编程存储器进行控制。因此,片上可编程存储器也被称为"软件控制的Cache"(software controlled Cache)[61][62] 或者"紧耦合存储器"(tightly coupled memory)[63]。

为了提高嵌入式系统的性能,减少能耗,增加程序的可预测性,不同的基于片上可编程存储器的优化方法被提出并被实现和测试。利用片上可编程存储器对嵌入式系统进行优化的方法都是利用了编译器,通过编译器对输入的程序进行分析,并对程序做出一定的改变,从而达到优化的目的。同时,代码和数据都是进行优化的对象。软件控制的特征使得在使用片上可编程存储器时所面临的最大问题是如何将代码或者数据映射到片上可编程存储器上,映射的方式也各不相同[64],如图2.6 所示。在使用片上可编程存储器时,代码在执行的过程中较少修改,因此表现出了较好的时间局部性和空间局部性。相对而言,由于数据类型的多样性与数据访问模式的变化,在对数据进行处理时,需要进行更多的预取工作。在进行优化时,需要考虑到优化对指令的存储层次和应用程序控制流的影响,否则将会降低优化的效果[65]。

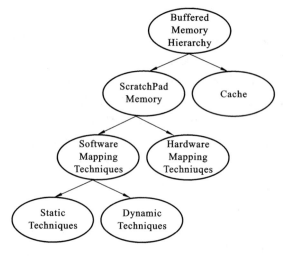

图 2.6　片上可编程存储器映射方法的分类[64]

已有的研究主要是对单个的嵌入式应用程序进行优化。根据优化的差别,可以将这些优化归纳成以下 4 个类别。

第一类,不可重叠的片上可编程存储器优化。该类片上可编程存储器的优化是通过编译器对某个嵌入式程序的代码或者数据进行初次编译分析,从分析结果中选取特定的程序子集,再通过编译器进行迭代的编译,将这些程序子集分配到片上可编程存储器上。在程序运行期间,这些程序子集一直储存在它们被分配到的那块片上可编程存储器上。该类优化采用了静态的分配方法,而以下所述的三类方法则是动态的分配方法。

第二类,可重叠的片上可编程存储器优化。该类优化的基本出发点是程序的不同存储对象如果其生命周期不重叠,那么它们就可以在程序运行的不同时间段内被分配到片上可编程存储器上。也就是说,在程序运行期间,某些存储对象有可能被其他的存储对象从片上可编程存储器上替换出来。这需要对片上可编程存储器进行动态管理。

第三类,基于数组划分和循环变换的优化。在嵌入式系统中,很多程序都是由大量的数组和循环构成。对于嵌入式多媒体程序这样的程序,通常采用对数组进行划分,将大的数据划分成较小的数组[66];有些优化为了保证数组拆分后不影响程序的控制流,对相关的循环也进行了变换。

第四类,面向 MPSoC 嵌入式处理器的片上可编程存储器优化。这类优化的基本出发点都是针对 MPSoC 嵌入式处理器上的片上可编程存储器进行,根据对分配到片上可编程存储器上的数据对象、分配方式的不同,使用了不同的优化技术。而对于为了解决多核处理器上的同步问题而出现的事务存储,则很少面向 MPSoC 以片上可编程存储器进行优化。

在下面的 2.2.1～2.2.4 节中,将根据上述片上可编程存储器优化的类别,分别介绍嵌入式系统领域中片上可编程存储器优化的研究。

2.2.1　不可重叠的片上可编程存储器优化

不可重叠的片上可编程存储器优化方法是最早提出的基于片上可编程存储器的嵌入式系统优化方法。不可重叠的片上可编程存储器优化方法,其根本目标是要将程序片段(包括代码或者数据)分配到片上可编程存储器的地址空间。所有这些程序片段被称为存储对象(memory ojbect)[67]。程序片段存在着大量的可以分配到片上可编程存储器的存储对象,然而由于片上可编程存储器的大小是有限的,能够分配到片上可编程存储器上的存储对象的数量也是有限的。优化方法需要根据片上可编程存储器的大小,从程序的存储对象中选择最合适的分配到片上可编程存储器当中。

Panda 等人[29]首先提出了利用片上可编程存储器来进行系统优化的方法,并在文献[68]中进行了详细的阐述。该方法关注的存储对象是常量和全局变量以及数组。对于常量和全局变量,通过编译分析对常量和全局变量的访问次数进行统计,再根据访问次数的多少来决定是否分配到片上可编程存储器上。对于数组,则是分析数组的大小、生命周期、访问冲突等特征,然后选择出分配到片上可编程存储器上的数组[68]。文献[69]采用了类似的方法进行分配。文献[70]关注寄存器溢出数据,由于寄存器溢出数据对数据 Cache 的影响很大,并直接影响到程序的性能,文献[70]将寄存器溢出数据从数据 Cache 转移到片上可编程存储器上以消除对数据 Cache 的干扰。

文献[67]提出了一种利用片上可编程存储器进行节能的方法。该方法将存储对象划分为程序存储对象(基本块和函数)和数据存储对象(变量),并将每个存储对象的能耗定义为 profit 值。由于需要将存储对象在大小有限的片上可编程存储器上进行分配,且每个存储对象都有不同的价值(profit 值),这样对问题的求解就可以表述为对背包问题的求解[71]。尽管背包问题的求解已经被证明是一个 NP 完全问题[72],但是在对背包问题进行求解时,往往可以采用整数线性规划 ILP(integer linear programming)的方法[73]来解决。而对于 ILP 求解,则往往是利用了商业的 ILP 求解工具[67]或者设计一个贪婪算法来解决。文献[67]就是通过整数线性规划对片上可编程存储器的分配进行了求解,通过使用 ILP 方法求解,可以更为方便的获得一个较优的分配方法。其缺点是需要离线的进行计算,对性能带来了负面的影响。

文献[74]中提出的方法是通过对数组进行访问分析,根据数组元素的引用情况,将数组划分成在访问上互不干涉的几个部分,每个部分都是一个存储对象。同时根据编译分析,得出每个存储对象的 profit 值,然后根据整数线性规划方法进行求解。文献[75]的存储对象是全局变量和栈数据,这些数据是相对较为容易分析得到的。与文献[29]和文献[68]不同,文献[75]将全局变量和栈数据的分配进行了整数线性规划来进行求解。文献[76]中所采用的方法与此相似,但是它仅仅对全局变量进行了分配。

文献[64]提出了一种将指令片段分配到片上可编程存储器上的方法。对于任何嵌入式程序,通过编译器对其二进制代码进行分析,将二进制代码根据其性能进行分段形成存储对象。然后对这些存储对象进行选择,通过打补丁程序的方式,将部分存储对象分配到片上可编程存储器上。因此,这种方法修改了程序的二进制代码,图 2.7 是这种优化方法的优化流程图。这种方法的好处是不需要了解程序的源代码,只要有二进制代码就能够进行分析和优化,简化了优化步骤,提高了优化的效率。然而由于在编译器进行分析时不知道程序的源代码,在修改二进制代码时容易产生错误,并且依赖于指令集。

文献[37]则是采用了将指令片段和数据分配到片上可编程存储器上以达到节能的目标。在一个精确的能耗模型的基础上[73,77],采用文献[64]中的方法,对程序进行分析。与文献[64]不同的是,文献[37]中的分析方法是对程序的源代码进行分析,并且在分析时既考虑指令代码的分析又对数据块进行分析。文献[78]提出了一种基于文献[37]方法的改进。在文献[78]中,将片上可编程存储器也划分成不同块,在进行分配时,综合考虑在不同片上可编程存储器块上的分配,因此效率更高。

利用片上可编程存储器,可以消除 Cache 冲突所产生的"颠簸"(thrashing)现象[79]。在 Cache 颠簸中,某些 Cache 块在短时间内被反复的换进换出,会降低系统的性能,增加 Cache 的能耗。如图 2.7(a)所示,对于 5 个函数,FuncA,FuncB,FuncC,FuncD 和 FuncE,由于 FuncC 被多个其他函数所引用,对 FuncC 的使用就会产生冲突[80]。

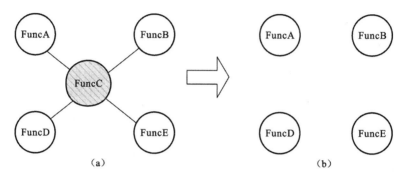

图 2.7　Cache 冲突与消除示意图[78]

为了消除 FuncC 所带来的冲突问题,可以通过交叉编译的方式,将 FuncC 的代码分配到片上可编程存储器上,保留原来的引用关系,从而使得其他 4 个函数节点变成如图 2.7(b)所示的孤立节点,从而消除冲突[80]。

文献[81]通过将片上可编程存储器进行分块(Bank),并增加处理器上的寄存器数量,通过这些寄存器记录当前使用的 Bank 的地址;在访问时,可以直接在不同的 Bank 之间进行切换。文献[82-83]同样也是将片上可编程存储器划分成不同的 Bank 进行管理,与文献[81]不同的是,它通过编译分析,对进行输入分析并选择最佳的解法。文献[84]在划分 Bank 的基础上,从编程模型的角度上为利用片上可编程存储器进行支持,将任务与 Bank 进行绑定。文献[85-87]通过线性规划方法,将数据分配到片上可编程存储器的 Bank 上以达到节能的目的。文献[88]则是通过将片上可编程存储器分块,根据能耗的限定,将数据块分配到不同的块上。在某些嵌入式处理器上,片上可编程存储器的 Bank 是可以单独进行物理打开或者关闭,从而能够进一步提高优化的效率。

文献[89]将片上可编程存储器的优化分配应用到了搜索算法上,通过将数据分配到片上可编程存储器上,能够有效地提高搜索的速度(相对于使用 Cache)。缺点是没有讨论由插入、删除等引起数据变化频繁的情况。文献[90]通过在每一个 loop 中插入代码,在运行时收集信息。然后在重编译时根据 profiling 来决定片上可编程存储器的分配。而对于数组访问,某些可能没有很好的支持静态分析的访问模式,即缺乏用静态分析可以得出其访问模式的方法。因此,文献[91]提出了一种基于 profiling 策略的方法来产生存储访问路径,从而能够细粒度的管理片上可编程存储器的方法。

除了对数据和代码的分配优化外,还有一些研究关注特定的数据结构的优化。文献[75]提出了将栈的数据分成两个部分,一个部分分配到片上可编程存储器上,另一部分则仍然在内存当中,通过软件来控制栈的增长。在文献[75]中,仍然会将全局变量分配到片上可编程存储器上。而在文献[92]的方法中,将片上可编程存储器完全作为分离的栈的片上部分来使用。文献[93]设计了一个装载器,对于栈的处理,是在程序运行时进行,通过装载器来装载栈数据。文献[94]则是将内存和片上可编程存储器划分成槽(slot),通过内存管理单元 MMU(memory management unit)的交换来实现栈数据在内存和片上可编程存储器之间的迁移。文献[95]提出了一种对堆(heap)的分配方法。首先将程序划分为一系列的区块(region),每个区块有一个作为堆使用的容器(bin)。对于区块中的堆数据,可以通过计算每个容器的实际内存偏移来计算堆的容器在片上可编程存储器中的布局。文献[95]认为在嵌入式程序中对递归函数的使用较少,因此没有处理递归函数的分配。而对于递归函数的栈来说,栈的帧大小在编译时固定,但是在运行时分配的帧的数目是未知的。文献[96]的方法检查对应于分散的栈帧在不同深度下单一栈的运行时表现,使用这些信息,根据检测到的情况,将最常用的深度下栈的数据分配到片上可编程存储器,而将其他的放入主存。

2.2.2　可重叠的片上可编程存储器优化

不可重叠的片上可编程存储器优化关注于解决部分代码或者数据的优化问题。然而由于被分配到片上可编程存储器上的存储对象将会一直存在,这些存储空间只能被这些存储对象所独占,其他的存储对象无法使用。这种静态的分配方法对片上可编程存储器的利用效率有限。

可重叠的片上可编程存储器优化将存储对象分配到片上可编程存储器上时,只要这些存储对象不会在同一时间段内同时被使用,那么就可以将这样的存储对象分配到具有同一块的片上可编程存储器的空间内。通过在代码中插入特殊的指令,可以对存储对象进行操作,将存储对象在内存与片上可编程存储器之间进行迁移,从而使得片上可编程存储器在不同的时间段可以容纳不同的存储对象,达到重复使用的目标。图 2.8 是可重叠优化方法的一个简单示例。

图 2.9(a)的程序片段是没有优化时的代码段。在这段代码中,对于数组 A 和数组 B 来说,它们的生命周期互不重叠。这表明它们不会在同一时刻被程序所使用。因此,可以将它们先后分配到片上可编程存储器中,以提高程序对数组 A 和数组 B 的访问速度。图 2.9(b)是经过优化后的程序片段。在这段程序中插入了

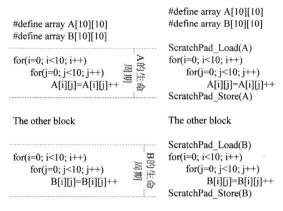

图 2.8　可重叠优化的示例

四条指令,用来对数组在片上可编程存储器和内存之间进行迁移。ScratchPad_Load(A)表示从内存中读取数组 A 的数据;ScratchPad_Store(A)表示将数组 A 的数据搬回内存。通过这种方式,当对数组 A 的使用结束后,将数组 A 搬回内存,在对数组 B 的使用开始时,通过 ScratchPad_Load(B)指令将数组 B 迁移到片上可编程存储器中。从而数组 A 和数组 B 可以重复的使用片上可编程存储器。

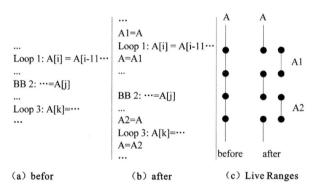

（a）befor　　　　　（b）after　　　　　（c）Live Ranges

图 2.9　生命周期分裂

　　文献[97]提出了一种基于着色图的片上可编程存储器优化方法。该方法包括了片上可编程存储器划分,生命周期分裂和存储着色三个阶段。在片上可编程存储器划分部分,片上可编程存储器被划分成相等的类,被称为数组类(array class)。同时这些数组类与寄存器进行映射,使得寄存器可以从映射的特定数组类中取数据。在生命周期划分部分,对数组的生命周期进行划分,划分的方法如图 2.9(c)所示[97]。

　　通过重命名的方法,文献[97]将数组的生命周期分裂。在存储着色期间,由于在数组类和寄存器之间建立了映射关系,在与寄存器相对应的数组类中的数据被认为是该寄存器的候选对象。然后通过着色图算法将数组数据分配到某个数组类中,从而将数据分配到了片上可编程存储器上。

文献[23]和文献[98]提出了面向多层次存储的片上可编程存储器的优化方法。分配的对象是数组。对于可能重用的数组,通过数组的重用信息,将数组在不同的层次之间进行搬迁[23]。在对数组进行分析时,并不是从数组的全局使用情况出发进行分析,而是仅仅考虑在同一个循环下,如何对数组进行优化。这种优化有利于达到局部优化,但是对于全局来说优化效果是未知的。而文献[98]则是首先从全局的角度出发,分析并得到所有可能的候选数组,通过对数组的生命周期进行分析,然后再将选择合适的数组分配到片上可编程存储器上。相比文献[23],这种方法从全局的角度进行优化,优化效果更好。

文献[99]提出了对将要分配到片上可编程存储器上的数据进行压缩的方法。对于分配到片上可编程存储器上的数据,都是以压缩的形式存在。当需要使用这些数据时,再进行解压缩。如果压缩数据需要放回内存,那么也以非压缩的形式写回到内存当中。这一方法的优点是占用片上可编程存储器的空间少。但是由于需要压缩和解压缩的过程,在选择分配时,要保证压缩和解压缩的时间小于从内存直接取数据的时间。因此,该方法更适合于较小的数组。

文献[100]将程序的代码划分成了不同的页(page),页的大小与 MMU 设定的页大小相同。在分配时,通过一个专门的管理器通过与 MMU 的协同对页进行管理。文献[101]提出了将程序的代码段分配到片上可编程存储器的方法,该方法是基于编译的动态分配方法,主要目标是为了通过减少取指令的次数,从而达到节能的目标。其方法是首先划分基本块,对于某个循环,找出其执行的全部路径,并根据不同的路径取指令的能耗与在执行序列中的替换关系,插入部分路径的拷贝代码,再通过检查,消除部分冗余的拷贝。为了实现这一目标,文献[101]设计实现了一个能够支持这种方法的硬件体系结构,并人为地增加了一条 LC_copy 指令,用于在执行时动态的加载代码。通过 LC_copy 指令,将选中的路径分配到片上可编程存储器上去。

文献[102-103]提出了使用编译时在程序的固定和非多发点插入代码,将频繁访问的数据放入片上可编程存储器中。根据程序运行时的需要,有些数据会事先进行预取。文献[104]提出了将代码分区并设置程序点,而每个代码分区都会有一个时间戳。时间戳与代码分区的执行顺序有关。这样就对不同代码分区内的变量的生命周期做出了划分。然后根据代码分区的时间戳,进行片上可编程存储器分配。

文献[105]为基于片上可编程存储器的能耗优化方法建立了模型,通过整数线性规划将数据分配到片上可编程存储器上,从而达到节能的目标。文献[106]则是关注于层次化存储中的数据和代码的管理问题。通过线性整数规划方法,在不同的存储层次之间选择合适的数据,最终搬迁到片上可编程存储器上。文献[107]则是采用了将片上可编程存储器分段的方式,每段都有一个管理者对空间进行管理,以尽量减少数据在两个存储层次之间的传输代价。文献[108]为片上可编程存储器设计了一个管理器,用于管理取指令时对空间的请求。只有当请求到来时,管理器才进行分配。

文献[109-111]关注在 Java 应用程序领域里如何利用片上可编程存储器进行优化。文献[109]主要关注在 Java 程序中堆数据的管理,通过创建临时信息图来对分配到片上可编程存储器中的数据进行管理。文献[110]是利用 Java 面向对象的特点,根据对象生命周期的不同,将它们分配到片上可编程存储器上。文献[111]则是利用 Java 程序的解释执行的特点,在运行时根据对象的大小进行优化分配。

文献[112-113]则是通过片上可编程存储器来进行指令的存储。为了实现从片上可编程存储器取指,在芯片上增加了取值硬件控制器。因此,这种方法会带来额外的片上面积占用和更多的能耗。

2.2.3　数组划分和循环变换的优化

在嵌入式系统中,有很多程序都包含有大容量的数组。充分利用片上可编程存储器对这些大容量数组进行优化能够有效地提高程序处理数组的速度。将整个数组全部分配到片上可编程存储器上并不是最佳的优化方法,因为这样并不能够对片上可编程存储器进行有效的利用。更有效的方法是将大的数组划分成更小的数组来进行分配[77]。图 2.10 是基本的划分方法的示意图[73]。

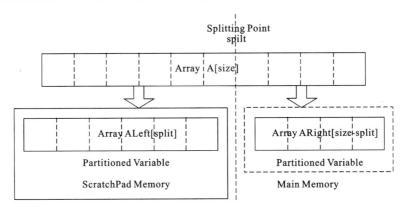

图 2.10　数组划分基本方法示意图

对于某个循环 L,如果在循环体中只是使用数组 A 在分裂点之前的数据,那么如果不进行划分,必须将数组 A 的全部数组元素都读取出来。在采用了划分的方式后,数组 A 变成两个较小的数组 ALeft 和数组 ARight。这样在循环 L 中对数组 A 的访问,就变成了对新的数组 ALeft 的访问。通过在程序的源代码中插入宏来进行读取的控制,以保证正确读取划分后的数组[77]。

在对数组进行划分的同时,也需要对程序中的循环进行变换,以更有效的使用数组。对循环进行变换通常在高性能计算领域使用。循环变换改变了循环的嵌套方式和数据的层次。通过循环变换来提高并行度改善程序在 Cache 中的局部性[114]。在嵌入式系统中,基于片上可编程存储器也进行了关于数据划分和循环变换的研究,以便能够提高访问数据的速度,减少因为访存而产生的能耗,从而提高系统的性能[115]。

文献[116]对文献[74]中提出的数组划分方法进行了改进。在文献[74]中,主要关注的是数组的划分以及划分后数组的静态分配方法。而在文献[116]中,除了进行数组的划分之外,还对嵌套循环进行了优化。位于嵌套循环内外的数组可以通过变换达到提高空间局部性的效果。

文献[117]提出了片上可编程存储器驻留集合的观点。首先通过编译分析选择出那些将会被分配到片上可编程存储器的数组或者数组的某一部分。这些数组或者数组的某一部分因为将会被分配到片上可编程存储器中,因此被称为驻留集合。在此基础上对使用了驻留集合的循环进行变换,保证对任一给定的驻留集合,循环的各次迭代仅仅访问驻留集合中的数组成员,从而提高空间局部性。

多媒体数据和图像处理是使用数组较多的程序。文献[118]对多媒体和图像处理中的数据重用进行了分析。通过对数组的重用性进行分析,以及程序对这些数组的应用做分析,由此在片上可编程存储器中建立层次化的数据缓冲,从而能够为程序的运行预取数据。文献[119-120]描述了专门为多媒体设计的存储子系统,采用片上可编程存储器作为多媒体数据流的存储器。

文献[121-123]提出了在将数据分配到片上可编程存储器之前,采用 Tiling 的方法,用仿射函数(affine function)将循环空间与数据空间联系转换,从而提高数据的空间局部性和时间局部性。文献[124]在 Tiling 方法的基础上,减少片上可编程存储器与主存之间的数据传输的代价,来提高使用效率。

FORAY-GEN[125]对嵌入式程序的分析表明,在使用了基于片上可编程存储器的方法后,嵌入式系统的性能得到了提升。

2.2.4　面向 MPSoC 的片上可编程存储器优化

多核的出现大大提高了处理器的性能。而片上可编程存储器软件控制的特征使程序员能够更好地对程序的性能进行分析并进行改进。因此,片上可编程存储器在多核出现后已经开始逐渐在服务器的处理器上得到了应用。例如,在 IBM 的 Cell 处理器上,就采用了片上可编程存储器作为它的辅助处理核的本地存储器[126],以提高系统的性能。

在嵌入式多核领域中,针对 MPSoC 的片上可编程存储器进行优化,能够充分利用片上可编程存储器的性能,有利于 MPSoC 性能的发挥。文献[127]提出了为 MPSoC 不同的应用环境设计多层次的片上可编程存储器的方法。文献[128]提出了为 MPSoC 上为每个处理器核设计不同的私有片上可编程存储器大小。

为了减少 MPSoC 的片上通信量,文献[58]和文献[129]提出了对数据进行压缩的方法。首先是通过编译器对程序进行分析,选出片上可编程存储器的候选者,然后通过线性规划方法对候选者进行挑选,然后再对这些数据进行压缩,存在片上的片上可编程存储器中。传输压缩数据减少了片上总线的通信量,有利于提高 MPSoC 的性能。

文献[59]提出了在使用片上可编程存储器作为片上处理器核本地存储器的条件下,对多线程进行流水。对于 MPSoC 上运行的多线程,将线程与处理器核绑定,从而将线程的数据也绑定在本地的片上可编程存储器上。线程在处理器核上按照流水运行,如图 2.11 所示,从而使得减少线程迁移的可能性。

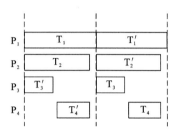

图 2.11　MPSoC 上的线程流水

由于 MPSoC 处理器核之间的通信可能会引起额外的片外存储器访问,文献[60]和文献[130]提出了基于编译的数据访问优化。该方法通过编译对代码中的循环进行分析,将循环的代码转换为可同时并行的不同部分,在程序执行时在多个处理器核上并行执行。文献[131]进行了进一步的研究,在对循环进行划分时,对划分出的每个子循环的时间长度做了限定,从而达到多处理器核负载均衡的目的。

文献[132]提出在 MPSoC 上可以将片上的片上可编程存储器的地址空间映射成不同的片段(slice),然后将这些片段与片上可编程存储器的物理块进行关联。这样,每个处理器核拥有的片上可编程存储器在运行时是动态可调整的,从而增加片上存储管理的灵活性。

在文献[133]提出的方法中,MPSoC 采用了共享片上可编程存储器的方式,没有本地的片上可编程存储器。空间申请首先要由一个仲裁者进行仲裁,根据片上可编程存储器的大小进行空间的分配。该方法有利于对整个片上可编程存储器空间进行管理,但是由于缺少本地存储器,使得数据的空间局部性下降。

文献[134]提出了一种以 MPSoC 上的通信量为核心的片上可编程存储器分配方法。其主要目标是通过片上可编程存储器的分配,减少因数据传输而占用总线进行通信的时间。

片上可编程存储器同样可以在其他方面进行优化。对 MPSoC 通过多个处理器核能够有效的提高处理性能、减少系统能耗,并为线程级并行(thread level parallelism,TLP)提供了新的可能性。传统的锁同步方式同样也可以用于多核处理器以管理共享对象。尽管基于锁的同步方法能够提供良好的解决方案,但是对竞争资源加锁很有可能会阻塞具有并行潜力的线程。而这些被阻塞的线程是相互之间没有数据耦合的。因此,需要新的机制来解决同步问题。事务存储(transactional memory,TM)是多核处理器上用于提高多线程性能的机制[135],其主要设计思想来源于数据库中事务的概念,将线程对内存的多个连续或者相关的操作进行封装,构成事务存储。通过事务存储能够保证操作的原子性,从而能够确保共享对象的高效管理。现有的事务存储机制包括了三类,分别是硬件事务存储(hardware transactional memory,HTM)[136]、软件事务存储(software transactional memory,STM)[137]和混合事务存储(hybrid transactional memory,hybridTM)[138]。但是目前的片上可编程存储器研究,尚未有针对 MPSoC 进行事务存储的优化。

2.3　片上软件系统解决的问题

片上可编程存储器对于提高嵌入式系统的性能具有重要的作用。利用片上可编程存储器进行优化是嵌入式系统研究的重要方向,目前已经存在了种种方法来进行利用。但是尽管上述优化方法通过对片上可编程存储器的有效使用提高了嵌入式系统的性能,但是仍然存在研究难点有待解决。

(1)基于片上可编程存储器的优化通过对程序代码进行分析来获得优化是主要的研究方向之一,但是目前的相关研究都是关注对单一应用程序的分析和优化。尽管这些优化方法有助于提高被优化程序在运行时的效率和系统的性能,但是由于在系统运行期间只有一个程序能够利用片上可编程存储器进行优化,从而使得对于需要运行多个程序的嵌入式系统而言,整体性能的提升有限。因此,需要面向多道程序并行的片上可编程存储器优化方法,能够在多道程序之间共享片上可编程存储器,是亟待解决的问题。

(2)现有关于片上可编程存储器的研究方法,主要是利用片上可编程存储器的高速、低能耗特点,将应用程序的一部分代码或者数据分配到片上可编程存储器上,以此来提高应用程序的运行效率。而对于嵌入式系统中极为重要的嵌入式操作系统的优化却没有相关研究。在嵌入式操作系统中,由进程调度模块负责系统中运行的程序的管理和调度。调度算法的设计对嵌入式操作系统来说非常重要,关系着嵌入式系统实时性。要进一步提高对片上可编程存储器的利用率,为多道程序的片上可编程存储器优化设计提供支持,需要设计与实现基于片上可编程存储器的嵌入式操作系统的实时调度算法,对嵌入式操作系统的调度进行优化。同时,如何对嵌入式操作系统内核进行优化,也是尚未解决的问题。

(3)MPSoC 是嵌入式系统的发展的方向,而片上可编程存储器则是 MPSoC 上最为常用的片上存储器。对于运行在多核环境下的应用程序,通过多线程并行的方式来达到利用多个处理器核以提高系统的性能。已有的基于片上可编程存储器的 MPSoC 优化方法主要是程序在运行时,数据尤其是数组的分配对多核处理器的支持。但是如果线程本身的调度不合理,就会导致降低片上可编程存储器优化的效果。对于线程调度与片上可编程存储器优化的结合没有做进一步的研究。

(4)对于以多核嵌入式处理器为基础的嵌入式系统,共享对象的管理非常重要。而传统的锁机制由于采用了对线程的阻塞来达到这一目的,往往会对多线程的并行性造成阻碍,从而影响软件运行的效率。尽管事务存储已经以多核处理器为中心进行了研究,但是既有的事务存储主要关注于一般多核处理器的共享对象管理,尚未针对多核嵌入式系统及其共享对象的特点进行定制;而片上可编程存储器则可以作为事务存储的重要硬件支撑,在不改变硬件结构的情况下,提供很好的支持。因此,需要以片上可编程存储器为基础,来进行片上事务存储的研究,以提高多线程并行的效率。

片上软件系统以 SoC/MPSoC 的高集成度为基础,以片上可编程存储器为基本的硬件支撑,以嵌入式软件系统的整体优化为着眼点,将片上可编程存储器的利用和优化,与嵌入式软件系统的综合改造进行结合,从而能够解决上述问题。

第 3 章 片上软件系统概述

本章概述片上软件系统的整体框架,以及在片上软件系统中的三个主要优化方向,分别是面向嵌入式操作系统的片上可编程存储器优化,多道程序共享片上可编程存储器的优化、面向 MPSoC 的片上可编程存储器优化和片上软件系统中的事务存储,并对片上软件系统的性能进行综合分析。

3.1 片上软件系统整体框架

自片上可编程存储器被引入嵌入式处理器后,由于片上可编程存储器读写性能好、能耗低,通过片上可编程存储器的优化对嵌入式系统的性能进行提升已是嵌入式系统方向的研究重点之一。在既有的研究中,主要关注于基于编译的单一应用程序分析或者相应的扩展。对于片上可编程存储器,不仅仅可以做优化,同样也可以从软件系统的角度来重新设计出片上软件系统,然后再从片上软件系统观的角度,开展系统级别的优化,提高嵌入式系统性能优化的效率。从片上软件系统的角度来看,整个嵌入式系统的系统结构已经发生了变化,如图 3.1 所示。片上软件系统是以传统软硬件系统架构为基础,形成了新的扩展。片上的部分,除了处理器核和 Cache(可以没有),还包括了片上软件系统;而片外的软件系统则基本没有变化。片上软件系统成为了在软硬件之间提高系统性能、降低系统功耗的结构层次。

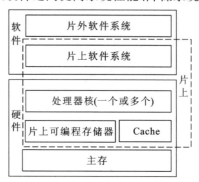

图 3.1 具有片上可编程存储器的片上/片外关系

片上软件系统的整体框架如图 3.2 所示。片上软件系统的设计思想,是以片上可编程存储器为基础的嵌入式软件系统重构。片上软件系统的主要内容是研究基于片上可编程存储器的嵌入式系统优化方法,建立起运行于片上的嵌入式软件系统,实现综合性的嵌入式软件系统优化方案。通过对嵌入式操作系统进行改造,多道程序共享片上可编程存储器的优化以及对 MPSoC 进行优化,来提高嵌入式系统的整体性能。

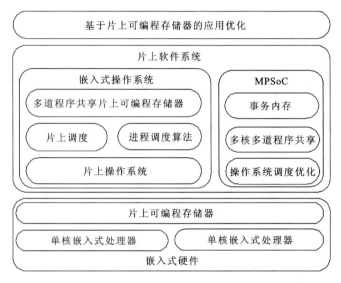

图 3.2 片上软件系统整体框架

作为系统软件,嵌入式操作系统是系统中使用最为频繁的软件。系统设计了以片上可编程存储器的高效使用为目的的进程调度算法,并将调度软件从嵌入式操作系统中分离出来,映射到片上可编程存储器上。在此基础上,需要进一步对嵌入式操作系统进行优化,从嵌入式操作系统的整体出发,设计位于片上的嵌入式操作系统微内核。此外,对嵌入式操作系统进行裁剪和优化,以实现可以片上可编程存储器为目标存储器的片上操作系统。

以片上操作系统为基础,本书研究了在多道程序并行的情况下,多个进程共享片上可编程存储器的方法。由于片上可编程存储器的大小有限,多个进程共享片上可编程存储器需要对片上可编程存储器进行高效的管理。由编译提供进程对片上可编程存储器的需求信息;由嵌入式操作系统的支持,为多个程序对片上可编程存储器的高效使用提高动态切换的环境。同时,为片上可编程存储器设计了通过片上可编程存储器的有效管理,使得多个进程能够在运行期间交替地访问片上可编程存储器,进而减少进程的运行时间,提高系统的性能。

片上软件系统在单核嵌入式处理器基础上,扩展到了 MPSoC 芯片上的片上软件系统支持。在片上操作系统的基础上,主要研究以下三个方面。首先是操作系统与编译支持的多道程序并行,通过允许多道程序并行共享片上可编程存储器,从而能够为系统提供更多的候选存储对象。其次,通过对 MPSoC 上多线程调度的改进,有效地减少对片上可编程存储器访问的次数,并降低从内存搬迁数据的频率,进而改善系统性能。最后是针对事务存储,通过片上可编程存储器作为硬件支撑,将事务存储本身的核心信息通过片上可编程存储器来进行存储,减少对硬件和体系结构支持的要求,减少事务存储本身所需要的访存次数,从而提高事务存储的效率。

通过片上软件系统的构建,与已有的片上可编程存储器优化方法相结合,可以构成更为全面的片上可编程存储器的使用和优化方案。

3.2 主要技术要点概述

3.2.1 片上软件系统中的嵌入式操作系统优化

在嵌入式系统中,嵌入式操作系统封装了处理器、定时器等硬件资源,为上层的应用软件提供统一的函数接口。由于硬件资源有限,嵌入式操作系统往往是定制的,根据不同的应用环境可以进行裁剪。片上软件系统的构建,首先从嵌入式操作系统的层面,研究基于片上可编程存储器的嵌入式操作系统优化;通过对嵌入式操作系统的优化,来提高系统的性能。

对于系统中的每个进程,按照进程的实时性要求、进程对片上可编程存储器的需求、将要分配到片上可编程存储器的存储对象的类型、对系统其他资源的需求进行分组。对于实时任务,由于要在限定时间之前完成,在实时任务到达时,优先对实时任务进行调度。而对于其他的任务组,首先在各个不同的组内进行调度,在组内排队完成后,根据系统资源的使用情况,再从各个组的就绪任务中挑选出一个运行。

在片上软件系统的优化调度算法中任务分组后,各个任务根据其实时性、对片上可编程存储器的需求、将要分配到片上可编程存储器的存储对象的类型、对系统其他资源的需求的相似性,聚合在同一个组内。通过组内的调度,形成一个合适的组内任务队列,进而为组间的调度提供最佳的一组候选调度对象。而对于实时任务,则是优先保证处理器资源的分配,和片上可编程存储器请求的满足,从而保证实时任务的正确完成。

与调度算法相对应的是嵌入式操作系统的进程调度模块。进程调度模块也是运行在嵌入式系统中的程序,而程序的运行都需要存储空间和运行时间。因此,进程调度模块本身的运行也需要存储空间与运行时间。通过对进程调度模块的优化,可以进一步提高进程调度的效率,减少调度模块的运行时间。本书通过对进程调度模块的编译分析,将进程调度模块本身的代码和数据从嵌入式操作系统中独立出来,并映射到片上可编程存储器上,形成片上的嵌入式操作系统进程调度。

对于传统的嵌入式操作系统来说,通常操作系统的代码都是驻留在内存当中。由于内存的容量较大,因此,这些嵌入式操作系统往往能够集成较多的功能。片上软件系统根据嵌入式操作系统本身具有定制性与可裁减的特点,提出对嵌入式操作系统进行优化,将操作系统中的关键部分抽取出来,形成一个微内核。这个微内核驻留在片上可编程存储器上。相对于内存而言,片上可编程存储器的容量较小,无法将整个操作系统全部装入,因此,这个微内核必须足够的小,以保证它的可分配性。在设计这个微内核时,需要采用最小化和最优化的原则。根据这一原则,设计的微内核结构如图所示。在微内核中,提供了嵌入式操作系统中最为关键的管理模块,通过将这些模块映射到片上可编程存储器上,使它们驻留在片上的存储器中,有利于提高嵌入式操作系统的性能。

3.2.2　多道程序共享片上可编程存储器

多道程序系统是将多个程序并行地驻留在存储器当中,通过对多个程序的组织,使得处理器总能够得到任务执行,从而提高处理器的使用率。在嵌入式系统中,也采用这种方式来提高处理器的利用率。

在多道程序共享方面,片上软件系统设计并实现了在片上可编程存储器上,由多道程序共享的方法。现在对片上可编程存储器的研究,主要关注于单一应用程序的分析与片上可编程存储器利用。而片上软件系统则关注当系统中有多个程序同时运行时,如何共享片上可编程存储器,使得多个程序可以交替地使用片上可编程存储器,既提高了片上可编程存储器的利用率,又为多道程序的存储进行了优化,提高了执行效率。

对片上可编程存储器的多道程序共享,需要从编译和操作系统两个方面提供支持。一方面,由编译对程序进行分析,获取存储对象的信息;另一方面,由嵌入式操作系统提供支持,对片上可编程存储器的空间进行有效的管理。在运行时,由程序向片上可编程存储器的空间管理者发出申请,由空间管理者进行有效的分配。通过片上可编程存储器管理器,将不同程序的代码和数据从片上可编程存储器换入换出,从而实现多道程序共享片上可编程存储器。

3.2.3　面向 MPSoC 的片上软件系统

MPSoC 上的多个处理器核为嵌入式系统带来了更为强大的计算资源。使用片上可编程存储器作为 MPSoC 的片上存储器,能够通过片上可编程存储器为多线程的共享访问进行加速。本书研究如何管理片上可编程存储器,达到多道程序共享片上可编程存储器的目的;同时对多线程并行进行调度优化,与片上可编程存储器的使用相结合,对系统性能进行提升。

在片上可编程存储器集成到 MPSoC 上之后，基于单一程序片上可编程存储器共享的优化只能对单一应用程序的线程进行优化。而在 MPSoC 的多线程并行环境下，多道程序共享片上可编程存储器能够为 MPSoC 的多个处理器核提供更多的候选线程。片上软件系统通过研究片上可编程存储器的划分和管理模式，来提供多道程序共享片上可编程存储器的能力。

多线程并行能够有效地利用 MPSoC 的计算资源。片上软件系统通过多道程序共享片上可编程存储器为系统提供更多的候选线程。在多处理器核的使用上，片上软件系统将处理器核划分为不同的处理器核组，片上可编程存储器也同样划分进这样的处理器核组。对于这些来自不同程序的线程，片上软件系统通过对线程调度的优化，使得来自同一程序的线程聚集在一起，分配片上可编程存储器。通过这种方式，对线程的调度进行了优化，同时减少了对远端片上可编程存储器的访问，提高了系统的处理速度。

对于 MPSoC，同样存在着共享对象的管理问题。传统的锁机制已经由于其加锁后导致的性能问题而成为新的性能瓶颈之一。借鉴于数据库理论的事务存储，能够有效地解决锁机制对于线程级并发的限制，提高多核系统中的多线程并发性能。片上软件系统将片上可编程存储器作为多核嵌入式系统中的事务存储的软硬件支持，对事务状态的记录、修改和读取等操作均在片上可编程存储器上完成，不需要改变处理器的体系结构或增加新的硬件支持，简化了事务存储操作的复杂度，从而提高了事务存储的效率，也降低了功耗。

3.3　片上软件系统性能综合分析

片上软件系统是以片上可编程存储器为基础的嵌入式软件系统优化，对嵌入式系统性能的提升，体现在通过片上软件系统的思想，利用片上可编程存储器来提高计算速度、降低系统的功耗。对片上软件系统所进行的性能分析，需要比较的是采用片上软件系统后和采用片上软件系统前的性能。为了进行比较，分析和验证内容的设计如图 3.3 所示。

根据具体实验平台的不同，实验被分为面向单核处理器的片上软件系统与面向 MPSoC 的片上软件系统两类分别进行。实验结果通过数据标准化的方法显示。测试针对采用片上软件系统前后的性能和能耗分别进行。

首先，针对片上软件系统的综合性能分析，是将片上软件系统作为一个系统整体来进行性能的分析，包括了对程序计算速度的提升和对系统能耗的降低两个方面。然后是针对片上软件系统中，各个技术点的性能分析。片上软件系统将嵌入式软件系统可裁剪的特点考虑在内，每个技术点都可以作为优化方法单独或者合并在一起使用，因此，在后续章节介绍每个技术点时，也分别针对性地进行了性能和功耗的分析。主要技术点包括了片上软件系统的调度算法与进程调度模块、片

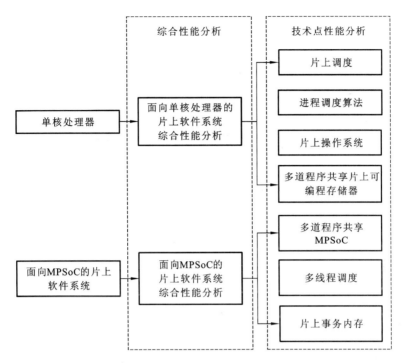

图 3.3 片上软件系统性能分析

上微内核、多道程序共享、面向 MPSoC 的多道程序共享、MPSoC 上多线程调度和片上事务存储。

3.3.1 单核处理器硬件平台

进行性能分析实验所采用的硬件平台是基于 ARM 核心的 Intel XScale 体系结构的处理器。XScale 体系结构是为移动嵌入式设备设计的 SoC 处理器。它的指令集是基于 ARM 体系的 V5TE 指令集并由 Intel 加入了无线和多媒体的相关指令。XScale 适合于体积小、功耗低、成本和性能要求高的嵌入式应用环境,是典型的嵌入式处理器。图 3.4 是 XScale 体系结构中 27x 系列的处理器框图。

片上软件系统的验证采用了该系列中的 PXA 272 处理器作为硬件实验平台。在 PXA 272 处理器上,Intel 集成了 256 KB 的 SRAM 作为片上的存储器,即片上可编程存储器。这 256 KB 的片上可编程存储器由四块 SRAM 存储体构成,每块是 64 KB 大小,这 4 个片上可编程存储器块可以通过开关进行开启或者关闭。因此,可以通过对 4 个 SRAM 块的开关,来对处理器上片上可编程存储器的大小进行配置。图 3.5 中是 Intel PXA 272 处理器的内部存储器框图。

整个片上可编程存储器模块由 6 个部分构成,除了 SRAM 存储块之外,还包括如下几个部分:块选择和控制器,用于片上可编程存储器访问时,对 SRAM 存储块的选择;请求队列,用于存放对片上可编程存储器对应 SRAM 块访问的请求;系

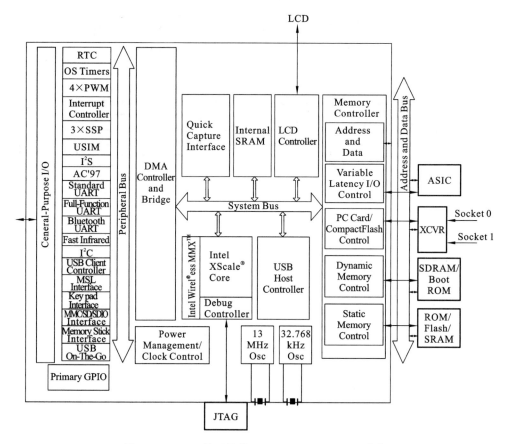

图 3.4 XScale 体系结构 PXA27x 处理器框架图[44]

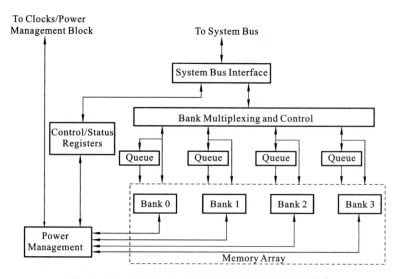

图 3.5 Intel PXA 272 处理器的内部存储器框图[44]

统总线接口,用于与系统总线的连接;控制/状态寄存器,用于标记 SRAM 块的状态;能耗管理,用于管理片上可编程存储器中 SRAM 块的运行状态,从而达到节能的目的。PXA272 为片上可编程存储器的 SRAM 块定义了不同的运行模式,从而对能耗进行控制。

PXA272 也对片上可编程存储器进行了编址。片上可编程存储器的地址段从 0x5C00_0000 到 0x5C03_FFFC,并分成 4 段与 4 个 SRAM 块进行对应,具体的编址见表 3.1。PXA272 上所支持的 SDRAM(内存)大小为 256 MB。

表 3.1　Intel PXA272 处理器的片上可编程存储器地址空间[44]

Address	Name	Description	Page
0x5800_0000-0x5BFF_FFFC	—	reserved	—
0x5C00_0000-0x5C00_FFFC	Memory Bank 0	64-Kbyte SRAM	—
0x5C01_0000-0x5C01_FFFC	Memory Bank 1	64-Kbyte SRAM	—
0x5C02_0000-0x5C02_FFFC	Memory Bank 2	64-Kbyte SRAM	—
0x5C03_0000-0x5C03_FFFC	Memory Bank 3	64-Kbyte SRAM	—
0x5C04_0000-0x5C7F_FFFC	—	reserved	—
0x5C80_0000-0x5FFF_FFFC	—	reserved	—

3.3.2　多核模拟平台

为了验证基于 MPSoC 的片上软件系统的性能,需要 MPSoC 的验证平台。本书采用了 Simics 模拟器[139] 作为 MPSoC 下的验证平台。Simics 是一个系统级别的指令集模拟器,能够在指令级别进行跟踪,提供受控的、具有确定性的多核模拟平台。Simics 所能够模拟的指令集包括 Alpha,PowerPC,SPARC,x86 和 x86-64 等。Simics 能够在 Windows 操作系统或者 Linux 操作系统上运行。在 Simics 运行后,可以在 Simics 上再运行操作系统并可以加载程序。

Simics 模拟器上,可以对模拟的硬件进行配置,以满足不同实验的配置要求。首先是需要为 Simics 提供硬件描述,包括处理器、存储系统、南北桥芯片以及其他硬件的配置描述;然后 Simics 通过硬件描述将描述对象转换成 Simics 虚拟的内部硬件对象,这是初始化硬件的过程;最后,给出操作系统的描述,在 Simics 虚拟出来的系统上,可以再启动并运行一个操作系统。通过对目标系统的配置,可以获得合适的实验平台。

在 Simics 模拟器上,可以根据需要对存储器的访问时间进行设置,以满足不同的实验需要。在本书的实验中,分别对片上可编程存储器和片外存储器的访问延迟进行了设定,对于片上可编程存储器的访问延迟设定为 3 个时钟周期,而对于片外存储器则设定为 100 个时钟周期。

对于片上处理器核的数目和片上可编程存储器容量的大小,则是在具体验证时，分别进行调整，验证在不同处理器核数量和片上可编程存储器容量的情况下的优化结果。

3.3.3　软件环境与测试程序

在进行片上软件系统的实现时，需要对嵌入式操作系统进行分析和裁剪，同时对于嵌入式应用程序来说，也需要进行分析。两者都需要在分析完成后做出修改并进行重新生成。对片上软件系统进行测试时，使用了 GNU 的相关工具链[140] 作为嵌入式操作系统和应用程序的工具。在对嵌入式操作系统和程序进行分析后，操作系统和程序代码的重新生成采用了 GCC 的交叉编译器。片上软件系统中对嵌入式操作系统进行改造和优化，所使用的嵌入式操作系统是经过了裁剪的嵌入式 Linux[141]。

对片上软件系统的测试选择了 11 个常用的嵌入式测试程序作为测试的实验用例。这 11 个实验用例分别来自两个不同的测试程序集，见表 3.2。

表 3.2　测试程序

名称	来源	描述
CRC32	MIBench	32 位标准 CRC 校验
Dijk-stra	MIBench	最短路径算法
qsort	MIBench	快速排序算法
FFT	MIBench	快速傅立叶变换
sha	MIBench	安全加密算法
cjpeg	MediaBench	JPEG 压缩算法
Djpeg	MediaBench	JPEG 解压缩算法
mpeg2enc	MediaBench	MPEG 压缩算法
mpeg2dec	MediaBench	MPEG 解压缩算法
pgp	MediaBench	PGP 加密算法
G.721	MediaBench	G.721 音频压缩算法

在 11 个测试程序中，CRC32，Dijkstra，qsort，FFT 和 sha 选自测试程序集 MIBench[142]。cjpeg，djpeg，mpeg2enc，mpeg2dec，pgp 和 G.721 选自测试程序集 MediaBench[143]。CRC32 用于对文件进行 32 位循环冗余校验。Dijkstra 构建了一个用相邻矩阵表示的图，并通过 Dijkstra 算法来计算这个图的最短路径。QSort 使用了快速排序算法将一个字符串数组排成升序的序列。快速傅立叶变换在数字信号处理当中经常会用到，FFT 是一个实现了快速傅立叶变换的测试程序。SHA 是安全哈希算法，对于给定输入，它会产生 160 位的信息摘要。在 Sha 测试程序中，实现了 SHA 算法。JPEG 是标准的图像压缩/解压缩算法，对应的，在 MIBench 中，由 cJpeg 和 dJpeg 分别对应于压缩和解压缩。MIBench 为 MEPG2 的压缩和解

压缩设计了 mpeg2enc 和 mpeg2dec 两个测试程序。pgp 是为数字签名算法 PGP
所设计的测试程序。G.721 是音频标准 G.721 对应的测试程序。

在进行面向单核处理器的片上软件系统的测试时,根据硬件平台的特点,将片
上可编程存储器的大小分别设置为 0 KB(对应于不使用片上可编程存储器的情
况),16 KB,32 KB,64 KB,128 KB,192 KB 和 256 KB。对于 Cache 则有两种情况,
Cache 关闭和 Cache 启用。当 Cache 开启时,Cache 的大小为 32 KB;在 Cache 关
闭时,分别对片上可编程存储器的不同大小配置进行测试。在 Cache 开启时,也分
别对片上可编程存储器的不同大小配置进行测试。

对面向 MPSoC 的片上软件系统进行测试时,通过 Simics 构建了实验平台。
在实验平台上,处理器核的数目设置为 4 核,并且这 4 个核心为同构的处理器核。
4 个处理器核被分成两个处理器核组,如图 3.6 所示。每个核具有相应的片上可
编程存储器空间,而每个核上片上可编程存储器的大小分别配置为 0 KB,32 KB,
64 KB,128 KB。而在面向 MPSoC 的优化实验中,所测试程序仍然是表 3.2 中的
11 个测试程序。并行的程序数目分别是 2 个、4 个和 8 个,分别从 11 个测试程序
中进行挑选,并使每一个测试程序都能够在实验平台上运行。

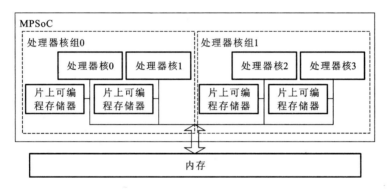

图 3.6　MPSoC 平台的配置

3.3.4　性能分析

片上软件系统作为整体进行测试时,包含了片上微内核,需要较大的片上可编
程存储器空间,因此对片上可编程存储器的空间配置为 256 KB。同时,选择了 2
程序、4 程序和 8 程序并行作为微内核与多道程序共享优化共存时,程序并行的数
目。测试的结果如图 3.7 所示。

从测试结果来看,与不采用片上软件系统相比,在采用片上软件系统之后,性
能得到了较大的提升,而能耗则较为显著地得到了降低。平均的运行时间改进分
别为 39.02%(二程序共享),37.05%(四程序共享)和 35.94%(八程序共享);平均
的能耗改进分别为 40.94%(二程序共享),39.82%(四程序共享)和 38.58%(八程
序共享)。由于片上可编程存储器的容量为 256 KB,对于三种不同程序数目的测

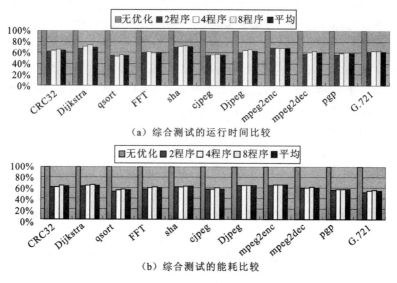

（a）综合测试的运行时间比较

（b）综合测试的能耗比较

图 3.7　综合测试结果

试来说,性能改进相差不多。在片上软件系统中,由于微内核本身需要占用片上可编程存储器的空间,微内核需要与多道程序共享优化争夺片上可编程存储器空间,这就导致了由于空间受限而损失了部分提升的性能和降低的功耗。尽管如此,片上软件系统仍然能进一步对性能和能耗进行改善。

　　同样,我们在 MPSoC 平台对片上软件系统进行了测试和验证。在 MPSoC 上既允许多道程序共享片上可编程存储器,又对程序做多线程化的优化。测试的平台是图 3.6 所示的平台。所用的测试程序仍然是表 3.2 中的 11 个测试程序,并行的程序数目分别是 2 个、4 个和 8 个,分别从 11 个测试程序中进行挑选,并使每一个测试程序都能够在实验平台上运行。

　　两程序、四程序、八程序综合优化实验结果分别如图 3.8、图 3.9 和图 3.10 所示,从测试数据中可以看出,在采用了综合的方法之后,性能和能耗的改进平均为 56.97% 和 19.34%(二程序共享),51.75% 和 19.25%(四程序共享),47.24% 和 19.05%(八程序共享)。程序运行时间上的缩短来自于多道程序并行时对片上可编程存储器与程序多线程化后的数据本地化。同样的,由于尽管非线程化的程序没有办法达到并行的效果,但是由于同样可以使用片上可编程存储器,因此能耗也得到了改进。但是这样处理后多线程优化后的能耗改进就无法大幅度的提升。

　　增加片上事务存储后,片上软件系统的测试有所不同。片上事务存储不仅与片上可编程存储器相关,同样也与主存具有密切的关系。因此,在加入片上事务存储后,测试平台的配置如表 3.3 所示。加入片上事务存储后,则选择了 List 和 HashMap 这两段 Java 类库中的代码作为测试程序,所有的操作都不提前进行计算安排,而是在实际的执行过程中根据运行时的情况来进行动态的操作。在测试过程中,取 20 秒作为一个时间单位,而测试的基本对比对象是传统的基于锁的实现方法。

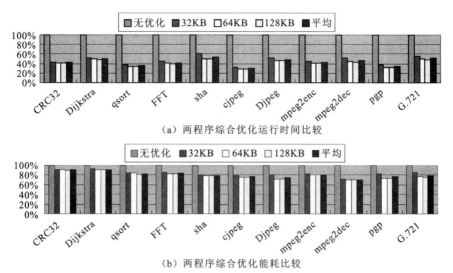

（a）两程序综合优化运行时间比较

（b）两程序综合优化能耗比较

图 3.8　两程序综合优化实验结果

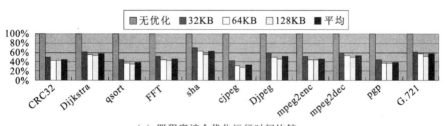

（a）四程序综合优化运行时间比较

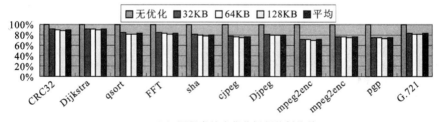

（b）四程序综合优化运行能耗比较

图 3.9　四程序综合优化实验结果

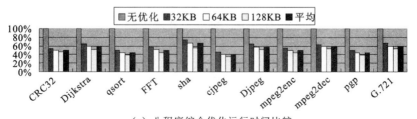

（a）八程序综合优化运行时间比较

图 3.10　八程序综合优化实验结果

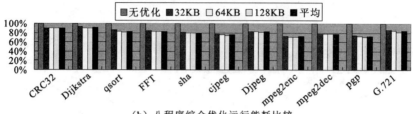

（b）八程序综合优化运行能耗比较

图 3.10　八程序综合优化实验结果（续）

表 3.3　片上事务存储测试环境配置

处理器核数量	2	4	8
处理器频率	2.9 GHz	2.9 GHz	2.9 GHz
L1 Cache	32 KB	64 KB	64 KB
L2 Cache	2 MB	4 MB	4 MB
片上可编程存储器	256 KB	256 KB	256 KB
主存	2 GB	2 GB	2 GB

　　图 3.11 和图 3.12 分别是加入片上事务存储后片上软件系统的性能和功耗对比。由图中可以发现，加入片上事务存储后，片上软件系统仍然具有较高的效率。这是由于通过片上可编程存储器的利用，片上软件系统将对存储的部分访问从片外转换到片上，减少了访存次数，降低了功耗。但是，同时也可以发现，与不采用片上事务存储的片上软件系统相比，不管是性能还是功耗方面，片上事务存储都会造成微小的损失。这是由于事务存储部分的需要与主存进行数据的交换，并存在着事务回滚造成的损失。此外，由于片上可编程存储器的容量有限（在测试时仅为 256 KB），造成了由于片上软件系统在增加了片上事务存储后对容量的竞争，从而造成了部分的性能损失。根据测试数据结果分析（图 3.13 和图 3.14），性能和功耗的平均损失在 4% 左右，不影响片上软件系统的整体效率。

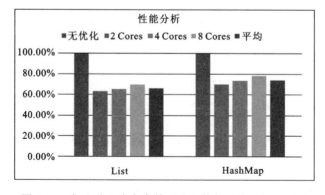

图 3.11　加入片上事务存储后片上软件系统的性能分析

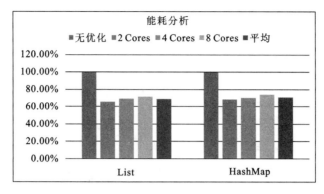

图 3.12 加入片上事务存储后片上软件系统的能耗分析

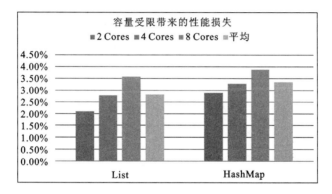

图 3.13 片上可编程存储器容量限制所带来的性能损失

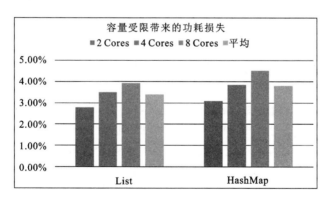

图 3.14 片上可编程存储器容量限制所带来的功耗损失

第 **4** 章　片上软件系统中的
嵌入式操作系统

本章对片上软件系统中的嵌入式操作系统进行研究。从嵌入式操作系统的角度出发,对片上软件系统中针对嵌入式操作系统改进和优化进行研究。本章分别对片上软件系统中的调度算法、片上可执行的进程调度模块和片上嵌入式操作系统微内核研究进行阐述,并对其性能进行分析。

4.1　片上软件系统调度算法

4.1.1　任务模型

对于一个系统,定义 $T = \{T_1, T_2, \cdots, T_n\}$ 为系统中的 n 个任务的集合。每个任务 T_i 都由 j_{th} 个作业构成,$T_i = \{J_{i,j} \mid J \in j_{th} \text{ jobs of } T_i\}$,每个作业是该任务的一个实例,作业是能够被系统调度和执行的工作单元。每个任务都有一个优先级,这个优先级会被它的每个实例所继承。所有的作业到达时间既可能是周期性的,也可能是非周期性的。任务 T_i 到达周期是 τ_i。

片上软件系统中的调度算法,是以作业作为调度的实体。在进行调度时,实际上调度的是到达系统中的任务的实例,即作业。因此,用符号 J 来表示作业,J_k 表示在系统中运行的一个作业;而不再对任务 T_i 进行说明。作业的运行是可剥夺的。

如图 4.1(a)所示,对于任务 T_i,由 j 个作业构成,分别是 J_0 到 J_j。在不同任务的作业到达时,形成的作业序列如图 4.1(b)所示。此时形成了一个完全由作业构成的调度序列。因此,片上软件系统以作业为实体进行调度,从而形成了图 4.1(c)中的作业调度序列。

4.1.2　资源模型

嵌入式系统的资源是有限的。在系统的配置完成后,该系统所能提供的资源的种类和数量都已经非常明确。对于系统中的作业来说,这些资源是可用的。不

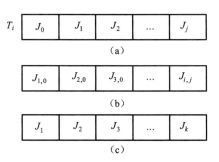

图 4.1　任务模型

仅如此,资源可以在不同的作业之间进行共享,通过互斥机制来保证资源的独占性。在本书的模型中,通常一个资源能够有数个实例提供给作业使用,而处理器资源则是仅有一个。

对于系统中的资源,使用五元组 $\boldsymbol{R}_i(t,c,b,n,g)$ 来表示。在这个五元组当中,$\boldsymbol{R}_i$ 表示某种资源,t 表示资源的类型,c 表示资源 $\boldsymbol{R}_i$ 的实例数量,b 表示已经被分配给作业的实例数量以及拥有该实例的作业名称,n 是剩余的资源 $\boldsymbol{R}_i$ 的实例数量,g 表示资源的分配粒度。系统中的一个作业可以在它运行期间申请多个共享资源。本书的模型假设在每个作业运行完成时,会显式地释放资源实例。在表 4.1 中,是关于资源的五元组表示的示例。

表 4.1　资源五元组的示例

t	c	B	n	g
CPU	1	$(1,J_2)$	0	8 time unit
Register	32	$(4,J_4),(10,J_5)$	18	1
片上可编程存储器	256 KB	$(4,J_2)$	60	4 KB/page
Memory	1 M	$(1 K,J_2)$	1 M-1 K	4 KB/page

表 4.1 中,列出了 4 种资源:$\boldsymbol{R}_1(\mathrm{CPU},1,\mathrm{b}((1,J_2)),0,8(\mathrm{round\text{-}robin}))$,$\boldsymbol{R}_2(\mathrm{Register},32,\mathrm{b}((4,J_4),(10,J_5)),18,1)$,$\boldsymbol{R}_3(\mathrm{ScratchPad\ Memory},256\ \mathrm{K},\mathrm{b}(4,J_2),60,4\ \mathrm{KB/page})$ 和 $\boldsymbol{R}_4(\mathrm{Memory},1\ \mathrm{M},\mathrm{b}(1\ \mathrm{K},J_2),1\ \mathrm{M\text{-}1\ K},4\ \mathrm{KB/page})$。资源 $\boldsymbol{R}_1$ 中,CPU 表示 $\boldsymbol{R}_1$ 的资源类型是处理器,而处理器的实例仅有一个;现在处理器被作业 J_2 所占用;剩余的资源数为 0;该资源的分配粒度为 8 个单位的时间长度。$\boldsymbol{R}_2$,$\boldsymbol{R}_3$ 和 $\boldsymbol{R}_4$ 的表示方法与此类似。对于片上可编程存储器资源 $\boldsymbol{R}_3$ 来说,共有 256 KB 的片上可编程存储器资源,按照 4 KB/page 的划分,共可以划分成 64 个片上可编程存储器页,在 $\boldsymbol{R}_3$ 中,J_2 占据了 4 个页,剩下 60 个页没有被使用。

对于一个给定的作业 J_k,对于这个作业的资源占用情况,可以表示为 $R_{J,k}=(s,d,\boldsymbol{R})$,其中,$s$ 表示对片上可编程存储器的优化方法类别;d 表示对片上可编程存储器空间请求的大小;$\boldsymbol{R}$ 是表示 J_k 所占用的其他资源的情况的矩阵,可以表示为

$$
\boldsymbol{R} = \begin{bmatrix} t_1 & r_1 & o_1 & i_1 \\ t_2 & r_2 & o_2 & i_2 \\ \cdots & \cdots & \cdots & \cdots \\ t_m & r_m & o_m & i_m \end{bmatrix} \tag{4.1}
$$

式(4.1)中：t 表示请求的其他资源的种类；r 表示作业 J_k 对资源 t 的请求的数量；o 表示作业 J_k 已经分配到的资源 t 的实例数量；i 表示 J_k 仍然需要的资源 t 的实例数量。

在本书 2.2 节讨论了已有的单核处理器上的单一应用程序的片上可编程存储器优化方法。主要的优化方法有 3 种，在片上软件系统中按照这种分类，连同不采用优化方法，将片上可编程存储器的优化类分为 4 个类别，分别是未优化作业类，表示该类作业没有使用优化方法进行优化；不可重叠优化类，表示该类作业是使用了不可重叠的片上可编程存储器优化方法进行过优化；可重叠优化类，表示该类作业是使用了可重叠的片上可编程存储器优化方法进行过优化；最后一类是变换优化类，表示该类作业是使用了数据划分和循环变换的片上可编程存储器优化方法进行过优化。

4.1.3　任务分组与组内调度

系统中的作业的实时性要求、对资源的需求各不相同。尤其是在对单一应用程序的片上可编程存储器优化的情况下，通过一些优化方法，已经对作业的运行产生了影响。因此，对于系统中的作业，按照作业的实时性要求，对片上可编程存储器的需求，将要分配到片上可编程存储器的存储对象的类型，对系统其他资源的需求分为不同的组。对于实时性要求高的作业，专门建立一个实时作业组。当系统中有一个实时作业到达时，就将这个作业直接放进实时作业组的队列当中，由实时作业组的调度算法对组内的作业进行调度。

对于其他的作业，则按照对片上可编程存储器的需求，将要分配到片上可编程存储器的存储对象的类型，对系统其他资源的需求进行分组。由于是在具体的应用中，分组的策略可以根据应用环境进行设定。在片上软件系统的研究中，结合本书第 2 章中所提到的面向单核处理器的 3 种优化方法，将作业分成 5 组，分别是实时任务组，表示该组作业中全部是具有实时性要求的作业；未优化作业组，表示该组作业没有使用优化方法进行优化；不可重叠优化组，表示该组作业是使用了不可重叠的片上可编程存储器优化方法进行过优化；可重叠优化组，表示该组作业是使用了可重叠的片上可编程存储器优化方法进行过优化；最后一类是变换优化组，表示该组作业是使用了数据划分和循环变换的片上可编程存储器优化方法进行过优化。

系统中全部作业就可以划分成 5 个不同的组，如图 4.2 所示。在每个作业到达的时候，实时任务将首先被放入实时作业组。随后，通过判断作业的片上可编程

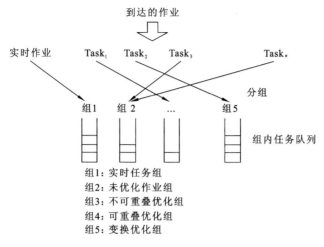

图 4.2　任务分组的示意图

存储器优化类别,分别将各类作业放入到对应的组中。

4.1.4　调度算法设计

对于各个组内的作业调度来说,目的是从该组内的多项作业中挑选出最合适的作业。5 个作业组内的作业类型各不相同,每个组在进行调度时,可以采用不同的调度算法。因此,在进行组内调度时,只要选择使用已经成熟的调度算法就可以了。

在组内调度完成后,每个不同的作业组都各自形成了一个调度后的作业队列。位于这些作业队列最前端的,就是各个作业组内最适合的作业。如何对这些作业进行调度,则关系到调度算法的效率。图 4.3 所示为组内调度与组间调度的示意图。

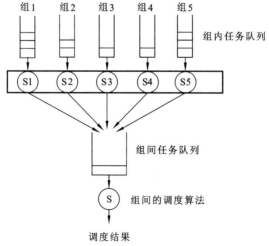

S1,S2,S3,S4,S5:各个组内所采用的调度算法

图 4.3　分组调度的示意图

在嵌入式系统中由于能够利用的资源有限,并行的程序也是有限的。对于一组在给定的嵌入式环境的作业,在任何给定的时刻 t 都可以对作业的运行情况和资源的使用情况进行快照。因此,在时刻 t 可以统计出已经被作业所占用的资源和仍然空闲的资源。在任一时刻,系统中已经被作业占用的资源数量与空闲的资源数量之和等于系统中资源的总量。

在经过分组的调度之后,每个组中的组间调度候选作业是非常有限的。通过对嵌入式系统中有限的作业以及这些作业对资源的需求进行枚举,能够形成潜在的调度序列。由于枚举的对象数量的限制性,计算结果是有限的。可以枚举出所有的可能调度序列。

尽管枚举出的潜在调度序列是有限的,但并不是所有的潜在调度序列都是可用的,需要从这些潜在的调度序列中进一步找出最优化的调度序列。通过对资源和作业占用的资源进行计算分析,来获得最优化的调度序列。

因为作业对资源的占用是可剥夺的,所以当资源被剥夺时,必然会给原来占用资源的作业带来损失。为此,对于被剥夺资源的作业,用 P 来表示资源剥夺后带来的损失。$P_{J_{k,R}}$ 表示,当资源 r 被从作业 j_k 剥夺时,作业 J_k 所受到的损失。

对于 P 的计算可以用下列等式表示:

$$P = \sum_{k=0}^{n} P_{Jk,R} \tag{4.2}$$

式中:损失 P 包含了两个部分:P_{J_k},这是当资源 R 从作业 J_k 剥夺时,对作业 J_k 带来的损失;$P_{\sum}$ 是作业 J_k 同组的调度序列中后续作业的损失之和。这样对于 P 的计算就可以表示成:

$$P = \sum_{k=0}^{n} (P_{Jk} + P_{\sum}) \tag{4.3}$$

对于 P_{J_k} 来说,当它被剥夺资源时,花费在上下文切换上的时间是主要的损失。在进行调度序列的选择时,上下文切换时间将是资源剥夺损失代价的主要参数。假设在系统中有 n 个作业,J_k 是其中的第 k 个作业,那么系统中还余下 $n-k$ 个作业。如果作业 P_{J_k} 被剥夺的资源数量为 m 个,那么,当作业 P_{J_k} 的资源被剥夺时,P_{J_k} 就可以表示为

$$P_{J_k} = \sum_{i=0}^{m} T_i \tag{4.4}$$

式中:T_i 是当资源 R_i 被剥夺时的代价。

$$T_i = R_{i,c} \times P_{i,c} \tag{4.5}$$

式中:$R_{i,c}$ 是资源 i 可能被剥夺的数量;$P_{i,c}$ 是当 $R_{i,c}$ 被剥夺时的代价。

$P_{\sum}$ 的计算可以用等式表示为

$$P_{\sum} = \sum_{j=k+1}^{n} T_j \tag{4.6}$$

式(4.6)中:T_j 表示在作业 J_k 之后的 $j-k+1$ 个作业中,由于作业 J_k 被剥夺所带来的损失。

$$T_j = \int_j^n \boldsymbol{R}_{j,c} \times \boldsymbol{P}_{j,c}\, \mathrm{d}j \tag{4.7}$$

对于每个快照,系统中的作业和资源的状况都是可以获得的。因此,通过计算可以选择出最佳的调度序列。

$$\min\left(\sum_{k=0}^n \left(\sum_{i=0}^m \boldsymbol{R}_{i,c} \times \boldsymbol{P}_{i,c} + \sum_{j=k+1}^n \int_j^n \boldsymbol{R}_{j,c} \times \boldsymbol{P}_{j,c}\, \mathrm{d}j \right) \right) \tag{4.8}$$

通过这样的计算,可以得出最佳的调度序列(most optimal scheduling queue,后统称 MOSQ)。进一步的,由于嵌入式系统中,作业是有限的,可以通过对作业数量的选择,来计算出不同情况下的 MOSQ。例如,对于一个给定的系统,可以计算这个系统的 MOSQ 调度表。

在分组之后,对于有 ε 个调度序列,每个调度序列当中共有固定的连续 θ 个作业,算法可以描述成如表 4.2 所示的算法 1。

表 4.2　调度表的算法

算法 1：OSSOfflineComputing( )
1：input：ε，Job set Ψ，Resource set$R$；
2：output：OSS
3：for every subset Ω：
4：$T_i = R_{i,c} \times P_{i,c}$
5：$P_{Jk} = \sum\limits_{i=0}^m T_i$
6：$T_j = \int\limits_j^n R_{j,c} \times P_{j,c} dj$
7：$P_{\sum} = \sum\limits_{j=k+1}^n T_j$
8：$P = \sum\limits_{k=0}^n (P_{Jk} + P_{\sum})$
9：$\mathrm{OSS}_\Omega = \min\left(\sum\limits_{k=0}^n \left(\sum\limits_{i=0}^m R_{i,c} \times P_{i,c} + \sum\limits_{j=k+1}^n \int\limits_j^n R_{j,c} \times P_{j,c} dj \right) \right)$
10：OSSTable $= \bigcup OSS_\Omega$

在算法 2 中,根据算法 1 所提供的调度序列,从 MOSQ 表中,选择出符合当前系统需求的调度对象。CheckMOSQTable( )用来从 MOSQTable 中找出调度对象,见表 4.3。而算法 3 则是 CheckMOSQTable( )的查找方法,见表 4.4。

表 4.3　分组调度算法

算法 2：OSS Scheduling Algorithm
1：input：Job set Φ
2：output：Selected JobJ_k
3：$J_k = CheckOSSTable(\Phi)$

表 4.4　调度表查表算法

算法 3：CheckOSSTable()
1：input：Job set Φ
2：output：Selected JobJ_k
3：initialization：s：$=size(\Phi)$
//Get the number of Jobs in Φ.
4：R $=Status(R)$
//Get the status of Resource set R.
5：$J_k=Compare(R,s,\Phi)$
//GetJ_k by compared to the OSSTable in memory.

本调度算法的设计考虑了资源的利用。如果资源的利用率变化频繁,则表明资源需要在多个任务之间频繁切换,从而说明调度序列不能很好地利用资源。因此,本书采用了资源的利用率来衡量任务调度的性能。我们使用资源的利用率曲线来表述资源的利用情况,例如,如果系统中有 32 个寄存器,而调度序列是 P_1,P_2,P_3,P_4,…,其中 P 表示系统中的进程。则当这些进程运行时,需要寄存器来保存变量。假设每个进程对寄存器的使用情况为$(P_1,10)$,$(P_2,15)$,$(P_3,5)$,$(P_4,7)$,$(P_5,28)$,$(P_6,14)$,…,则寄存器利用率曲线如图 4.4 所示。

对于系统中的所有资源,进程之间的关系,资源的类型和数量等,可以通过上述方式进行计算,如图 4.5 所示。当调度完成后,使用相似度来表达系统中不同时刻关系曲面的近似程度。当相似度高的时候,表示进程之前的切换代价较小,调度序列较为优化。此外,可以获得在资源受限情况下,采用不同算法的调度序列优化程度,并进一步优化算法。

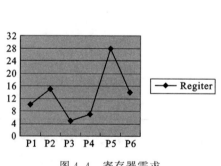

图 4.4　寄存器需求

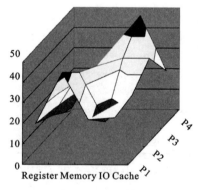

图 4.5　系统资源需求关系

4.2　片上软件系统中的进程调度模块

4.2.1　进程调度代码与数据的组织

与调度算法相对应的,是嵌入式操作系统的进程调度模块。嵌入式操作系统的进程模块负责系统中进程的管理,控制进程状态的转换。进程调度模块本身也是运行在系统上的程序,因此,可以通过基于片上可编程存储器的优化,提高进程调度模块本身的运行效率。

在嵌入式操作系统中,进程调度模块的源代码组织并不是专门地组织在一起,形成完全独立的进程调度模块,而是相对分散的。由于在一般的嵌入式系统中,如果不使用片上可编程存储器,那么存储层次上就只有内存作为处理器和外存之间的存储层次。对于嵌入式操作系统来说,编译完成后,操作系统的各个部分将统一地分配到内存空间,不存在对层次化的片上可编程存储器做分配的问题。分配时,也会根据嵌入式操作系统对各个部分代码和数据,分布在不同的逻辑空间当中。尽管对于操作系统来说,这样的分布并不影响系统的性能。然而由于这种分散性,进程调度模块无法整体性地映射到片上可编程存储器的地址空间上。因此,传统的嵌入式操作系统进程调度模块的组织方式不利于通过片上可编程存储器进行优化。

为了将进程调度模块的代码与数据映射到片上可编程存储器上,就要改变原来的分散组织,对嵌入式操作系统中与进程调度模块相关的代码和数据重新进行组织。图 4.6 所示为对嵌入式操作系统的进程调度模块进行相关代码和数据重组的流程图。

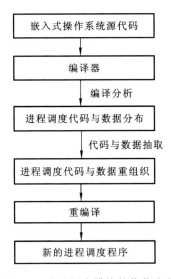

图 4.6　进程调度模块的优化流程

首先,通过编译器对嵌入式操作系统中与进程调度相关部分的源代码进行分析,找出进程调度代码与数据的分布情况。由于嵌入式操作系统中与进程调度相关的代码和数据是相对分散的,这样分析能够得出分布情况。除此之外,由于进程调度模块需要与其他的嵌入式操作系统模块进行通信,也需要对这部分源代码进行进一步的分析。通过分析明确需要抽取的源代码和需要在原处保留的部分。然后对抽取出来的代码和数据进行重组,之后再通过编译器进行重新编译,最终形成新的较为独立的进程调度模块。

重新组织之后,与进程调度相关的代码和数据组成了新的进程调度模块。如图 4.7 所示,模块主要包括上下文切换代码、调度程序代码、调度队列、进程控制块和进程优先级表等与进程调度密切相关的代码和数据。独立的进程调度模块就可以从嵌入式操作系统中分离出来,分配到片上可编程存储器上。

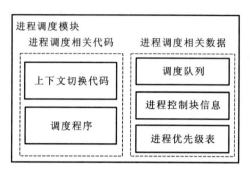

图 4.7　进程调度模块的组织

对于嵌入式操作系统而言,由于进程调度模块的重新组织,引起了源代码的变动,进而受到进程调度模块重新组织的影响,嵌入式操作系统的相关源代码也需要进行重新组织。相对于进程调度模块的重新组织,嵌入式操作系统的重新组织主要关注于对受到影响的代码和数据部分进行调整,以适应部分代码和数据抽取之后的情况。

4.2.2　片上可编程存储器的空间划分

将进程调度模块映射到片上可编程存储器上,就要对片上可编程存储器进行组织。通常内存的组织是将存储空间划分为一定大小的页。在对存储空间进行管理时,页是基本的管理单元。根据片上可编程存储器的特点,本书对片上可编程存储器的空间划分也是以页为基本单元。对存储空间的管理是通过对页的管理进行的。在进行划分时,将片上可编程存储器的页大小与内存的页大小是设置为相同的页大小。片上可编程存储器与内存之间的映射关系如图 4.8 所示。

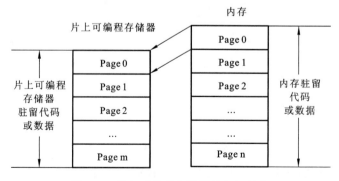

图 4.8　片上可编程存储器的空间划分

在图 4.8 中,片上可编程存储器与内存中都将有程序驻留。当片上可编程存储器也按照页进行划分时,内存的页可以通过最简单的直接映射方式与片上可编程存储器进行关联。这样,当程序需要在片上可编程存储器与内存之间进行拷贝或者搬迁操作时,可以直接以页为单位进行操作。这种组织方式有利于对片上可编程存储器上的空间进行管理,同样也有利于在内存和片上可编程存储器之间数据交换的管理。

如图 4.9 所示,整个片上可编程存储器空间被划分成连续的 n 个页。嵌入式操作系统的进程调度模块占用了若干个片上可编程存储器的页作为进程调度在片上可编程存储器上的空间。这些页组成了一个区域,由进程调度模块单独使用,这个区域称为区块(region)。而其他的片上可编程存储器空间则可以用作一般程序空间,由嵌入式操作系统与普通内存一起进行管理,或者采用其他的优化方法进行使用。

同时,通过使用不同的区块,有利于对嵌入式操作系统的优化。如果其他的嵌入式操作系统子程序也采用了片上可编程存储器优化,从而被分配到片上可编程存储器上时,它们就可以占据一个完整的区块作为自己的空间。通过这样对片上可编程存储器的区块化管理,能够避免不同的嵌入式操作系统子程序之间的混乱和冲突情况的产生。

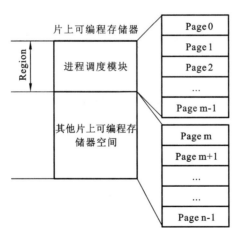

图 4.9　进程调度模块的区域

4.2.3　进程调度模块的重分配

在嵌入式系统中,使用交叉编译技术来简化嵌入式软件在不同平台上进行移植的工作。对于重新组织后的嵌入式操作系统的进程调度模块,需要通过交叉编译,将进程调度模块定址到片上可编程存储器的空间,这个过程如图 4.10 所示。

进程调度模块的相关代码和数据组织成独立的文件,这些文件作为交叉编译器的输入。与此同时,片上可编程存储器的地址空间范围信息也需要传递给交叉

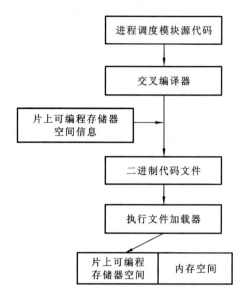

图 4.10　进程调度模块的重分配

编译器,这样交叉编译器能够分别了解片上可编程存储器与内存的地址空间信息,从而对进程调度模块进行有效的分配。通过交叉编译器的重新编译,进程调度模块被分配到片上可编程存储器的地址空间。在嵌入式操作系统启动运行时,进程调度模块就通过程序加载器被加载到片上可编程存储器的存储空间上。

　　在嵌入式系统中,执行文件加载器是独立于嵌入式操作系统之外的程序,用于嵌入式操作系统的启动加载。加载器是系统加电之后所运行的第一段软件代码,在操作系统内核运行之前执行。系统的加载启动任务就完全由加载器完成。此外,在嵌入式操作系统的启动完成后,嵌入式软件的加载也将由加载器完成。加载器的工作流程如图 4.11 所示。加载器在启动时将嵌入式操作系统加载到系统的内存中,在操作系统启动后,将嵌入式软件也加载到内存空间。

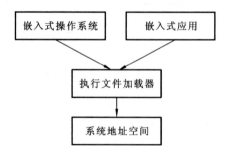

图 4.11　嵌入式加载器的工作流程

　　对于嵌入式操作系统的启动来说,加载器需要完成引导程序的初始化、内核的加载、系统的初始化和启动对应的守护进程等。在这个过程中,加载器需要对系统内存映射进行检测。在全部的地址空间中,加载器一般只使用一部分地址空间映射到 RAM 上,而保留一部分 RAM 地址空间为未使用状态。当加载器加载嵌入式操作系统代码时,它会跳转到嵌入式操作系统内核的入口地址。在加载器对进程调度模块进行加载时,加载器根据进程调度模块的加载控制信息,完成对进程调度模块的地址分配。

在编译阶段,通过编译分析,获得进程调度模块的各种地址分布信息,包括进程调度模块中代码和数据各自的加载地址和所需要空间的大小。根据这些控制信息,形成加载器控制信息表,提供给加载器在对进程调度模块加载时使用。进程调度模块的加载过程如图 4.12 所示。

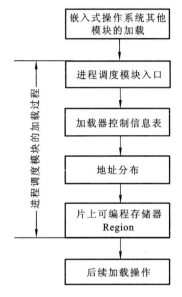

图 4.12　进程调度模块的加载过程

在加载器的控制信息加载过程完成后,跳转进入进程调度模块的入口地址,开始对进程调度模块进行加载。为了对加载过程进行控制,加载器首先读取编译提供的加载器控制信息表,通过该表获取进程调度模块代码和数据的地址分布信息。由于进程调度模块将独自在片上可编程存储器上占据一个 Region,加载器将为进程调度模块在片上可编程存储器上单独开辟一块空间。按照地址分布信息,加载器将进程调度模块的各个组成部分加载到片上可编程存储器上,分布于进程调度模块的 Region 当中。完成进程调度模块的加载后,加载器随后进行后续的加载操作。

为了完成进程调度模块的加载,也需要对加载器进行改进。加载器现在是通过进程调度模块的地址分布信息进行加载,因此,需要在加载器中增加对于加载器控制信息表的读取操作的功能。

对于编译时刻未知片上可编程存储器大小的情况,通过编译器与加载器协同来完成进程调度模块的加载。在编译时刻,由于未知片上可编程存储器的大小,不能够直接进行地址的分配。地址分配方式,由直接指定地址的方式,转变为将每个基地址使用伪地址代替,而偏移地址不变。加载时,再由加载器来检测片上可编程存储器的地址空间,获得片上可编程存储器大小的信息,然后根据片上可编程存储器的情况来替换原来的伪地址,从而实现进程调度模块的加载。加载过程如图4.13所示。

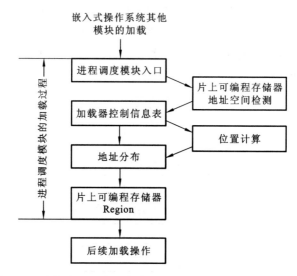

图 4.13 未知片上可编程存储器大小的进程调度模块加载过程

与原来的加载过程相比,现在的加载过程需要增加对片上可编程存储器的地址空间进行检测以发现片上可编程存储器大小的过程;同时,在读取了加载器控制信息表后,需要根据片上可编程存储器的地址空间,为进程调度模块计算新的起始地址,才能进一步的分配工作。同样,为了加载的正确性,加载器需要增加对片上可编程存储器地址空间检测和对地址计算的部分。

4.3 片上软件系统中的微内核

4.3.1 片上微内核

传统的嵌入式操作系统代码通常驻留在内存当中。运行操作系统时,需要从内存中读取数据。内存的访问速度远远比不上处理器的运行速度,这对嵌入式操作系统的性能会产生影响。而作为片上处理器,片上可编程存储器访问速度快,而且通过片上总线与处理器进行通信,具有更高的效率。因此,如果将嵌入式操作系统经过定制和裁剪,形成一个驻留在片上可编程存储器上的微内核,能够有效地改善嵌入式操作系统的性能。不仅如此,由于片上可编程存储器低功耗的特点,片上微内核还能够减少系统的能耗。

　　尽管片上可编程存储器的容量在不断增加,然而与 DRAM 相比,在总的容量上仍然是很小的。因此,按照片上可编程存储器的容量是无法将全部的嵌入式操作系统装入到片上可编程存储器上的,驻留在片上可编程存储器上的是经过裁剪后足够小的微内核。在设计这个微内核时,采取的是最小化原则、最优化原则和构件化原则。最小化原则是在裁剪嵌入式操作系统内核时,对嵌入式操作系统的各个程序模块进行分析,按照重要程度划分,选择嵌入式操作系统最为核心的功能模块作为微内核的组成部分;最优化原则是对微内核的代码进行优化,减少代码中的冗余模块,从而缩小微内核的大小;构件化原则是对微内核的核心功能进行构件化,以便于对嵌入式操作系统的定制。如图 4.14(a)所示,共有 6 个模块作为核心模块成为微内核的组成部分。

　　微内核中这六个模块分别是资源管理模块、任务管理模块、片上可编程存储器管理模块、能耗管理模块、安全模块和模块调度器。它们在片上可编程存储器上分别被分配给相应的 Region,6 个模块分别使用了片上可编程存储器中从 Region 0 到 Region 5 的 6 个 Region,每个 Region 都由若干个片上可编程存储器页构成,如图 4.12(b)所示。这 6 个模块的功能分别是:

　　资源管理模块。该模块负责对片上资源的管理和对系统中资源使用情况进行统计。资源封装模块将片上资源封装成为虚拟资源。资源管理模块也需要对系统中其他资源的状态进行统计。在本书的调度算法一节,调度算法需要资源的使用情况作为进程调度的参数,由资源管理模块对系统中的各种资源的使用情况进行统计,形成资源状态表,提供给任务管理模块使用。

　　任务管理模块。该模块负责对系统中的任务进行调度。对于微内核,本书所选择的调度算法是 4.1 节中所提出的调度算法。任务调度模块从资源封装模块获得资源的使用信息。

　　片上可编程存储器管理模块。该模块负责对片上的片上可编程存储器进行管理,维持片上可编程存储器的地址空间的管理信息。在多进程共享片上可编程存储器时,由该模块负责片上可编程存储器的申请、换出等操作。

　　能耗管理模块。对于嵌入式系统来说,能耗始终是最为关注的问题之一。为了降低系统的能耗,片上微内核中设计了专门的能耗管理模块对能耗进行管理。目前,能耗管理模块主要是采用了动态调频调压的技术作为能耗管理模块的核心,在系统运行的适当时刻,对处理器进行调频和调压,从而降低处理器的能耗来进行节能。

　　安全模块。该模块为系统中的进程保护等提供安全机制。同时,该模块基于资源封装的机制,更容易发现系统中对资源使用异常的行为,通过对系统中异常行为的检测,可以对系统进行病毒和入侵检测。

　　模块调度器。由于微内核是构件化的,因此各个部分都是组成微内核的构件。由于在嵌入式系统当中,片上可编程存储器的大小与处理器的型号有关,因此,尽管片上微内核是经过优化设计的,但是仍然可能面临片上可编程存储器容量不足的情况。因此,当片上可编程存储器容量不足时,就可以通过调度器模块将选定的构件换出片上可编程存储器;当有些构件有了更新的版本或者有了新的片上微内核构件时,也可以加载到片上可编程存储器上。

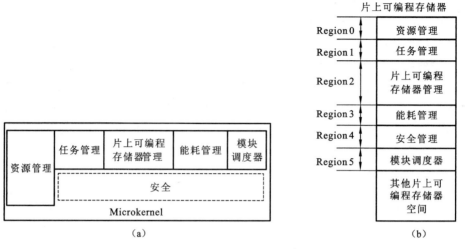

图 4.14　微内核结构和片上微内核的空间分布

4.3.2　资源封装

由于片上可编程存储器的容量有限,与传统的嵌入式操作系统相比,片上微内核的功能相对较弱。片上微内核采用了一种新的机制来提供更多的功能。通过资源管理模块,片上微内核对整个处理器芯片进行封装,将片上的处理器和寄存器等资源封装成虚拟的处理器片上资源。封装后,形成逻辑处理器,对外提供虚拟资源。这样传统的嵌入式操作系统,例如嵌入式 Linux 等,就可以运行在逻辑处理器之上,从而与片上微内核并行。这些运行在逻辑处理器上的嵌入式操作系统运行在片外的存储器上,本书将其称之为片外操作系统。经过封装后,形成如图4.15所示的结构。

图 4.15　片上微内核的资源封装

　　由于逻辑处理器是由片上微内核经过封装后产生,片外操作系统运行在逻辑处理器上,看不到实际的硬件资源,因此,片上微内核可以对片上资源进行有效的控制。对于嵌入式软件来说,非实时的嵌入式软件直接运行在片外操作系统之上,通过片外操作系统的应用程序编程接口申请系统资源。而对于需要实时响应的嵌入式软件来说,通过片外操作系统运行,实时性得不到保证。因此,在微内核上提供了针对实时软件的接口,称为实时接口。实时的嵌入式软件通过实时接口与片上微内核进行通信,获取片上资源。

　　片上微内核是加载到片上可编程存储器上,加载过程与一般嵌入式操作系统的加载过程不同。首先需要对片上微内核的各个模块代码进行组织和编译,形成片上微内核的二进制代码;在加载片上微内核时,需要对片上可编程存储器进行检测,根据片上微内核的地址分布,进行加载。而当需要并行运行片外操作系统时,在加载完片上微内核后,还需要一个对片外操作系统进行加载的过程。

　　如果不并行运行片外操作系统,则可以通过将微内核与抽取微内核后的嵌入式操作系统并行的方式来提供更为丰富的操作系统功能,如图 4.16 所示。被抽取部分功能后,剩下的嵌入式操作系统部分运行在内存当中,本书将其称之为板上操作系统。板上操作系统中主要包括了文件系统、设备驱动等功能。由片上微内核来对片上资源进行管理,而由板上操作系统完成对文件系统、设备驱动等的管理功能。片上微内核与板上操作系统之间通过特定的接口进行通信,协同完成整个系统的功能。

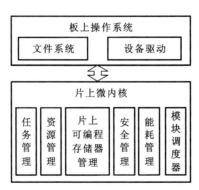

图 4.16　片上微内核与板上操作系统示意图

4.3.3　微内核构件化

　　在对微内核进行设计时,由于需要对微内核的各个组成部分进行抽取和重新组织,进而形成不同的独立模块,从而为微内核的构件化提供了基础。对于构件化的微内核来说,它的基本单元是一个个的独立构件。构件化的微内核能够通过对微内核构件的调整对微内核进行定制,通过开发新的构件可以对微内核的功能进行扩展,具有更好的可扩展性。

片上微内核的每个构件都由构件接口和构件实现两个部分组成。构件是对代码进行封装而形成。其中,构件接口对外是可见的,而构件实现则是不可见的。通过构件接口,实现构件之间的相互通信等功能;而通过封装和隐藏其构件的实现细节,能够更好地提供构件的安全性。

在对片上微内核进行构件化时,构件化的粒度是基本的片上微内核模块。通过构件化,形成六个基本的片上微内核构件,即资源管理构件、任务管理构件、片上可编程存储器管理构件、安全管理构件、能耗管理构件和模块调度器构件。这种划分是以功能为基本的划分标准进行的片上微内核模块划分。

构件粒度的大小决定了构件的信息封装程度,从微内核的构成、功能和运行位置来看,如果进一步进行划分,则构件的粒度越小,片上微内核的构件就会越多,构件的接口增加,不利于片上微内核设计的最小化原则;而如果再从更上一层进行划分,则构件的数量更少,但是构件之间的耦合性强,功能划分的太粗,构件的粒度就会过大,不符合片上微内核设计的最优化原则。本书选择了以片上微内核经过基本功能抽取后形成的功能模块为最为适合的粒度大小来进行构件化。

为片上微内核的构件定义标准的接口,可以通过标准接口来获得构件的信息。通过构件接口能够实现在片上微内核的构件之间、构件与构件库之间、片上微内核与实时嵌入式软件之间、片上微内核与板上操作系统之间的简单明晰的数据传递标准。同时,定义接口信息,也有利于对构件进行管理。

此外,根据不同的嵌入式应用环境,还可以进一步为片上微内核定制新的构件,例如,可将嵌入式文件系统的部分功能抽取出来,形成片上的文件系统构件。所有的构件可以形成一个构件库,存储在片外的 Flash 存储器或者片内的 Flash 存储器上。

构件库形成后,可以通过两种不同的方式对构件进行使用。首先是对片上微内核进行定制。在构成片上微内核时,可以从片上微内核构件库中选择适合一定嵌入式应用环境的片上微内核构件,组合成片上微内核。通过加载到片上可编程存储器上来运行新配置成功的片上微内核。而另外一种使用方式则是通过模块管理器来实现。模块管理器可以对片上微内核进行动态的运行时构件替换。当产生替换请求时,模块管理器构件向构件库发送构件申请,进而得到需要的构件;然后将被替换的构件从片上可编程存储器上调出,将新的构件替换进来,从而使得片上微内核能够动态的得到更新,如图 4.17。

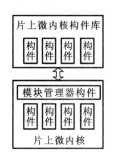

图 4.17　构件化片上微内核

4.4　性能分析

　　片上软件系统的嵌入式操作系统优化主要包括调度算法的设计,对进程调度模块的优化和嵌入式操作系统微内核的优化。在对调度算法的改进和对进程调度模块的优化的实验中,由于调度算法和进程调度模块更多的是对进程的调度产生影响,因此在进行实验时,也将两者结合在一起进行测试,称之为进程切换优化。进程切换优化主要考虑的是这两种优化方法对嵌入式系统中进程切换的优化效果,主要衡量指标是进程切换的时间。而对于嵌入式操作系统微内核优化来说,除了进程切换外,还要对系统的运行时间进行比较。

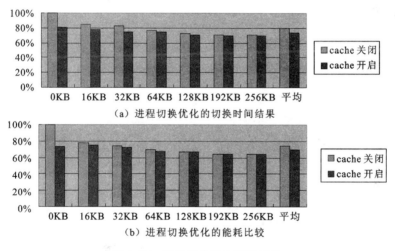

图 4.18　进程切换优化实验结果

　　图 4.18 是对进程切换优化的效果比较。图 4.18(a)比较了在进行优化后,进程切换时间的变化,平均的切换时间分别减少了 20.34%(Cache 关闭)和 25.89%(Cache 开启)。在图 4.18 中,采用了进程切换的优化后,进程切换时间缩短。随着片上可编程存储器容量增加,进程切换时间进一步缩小。当片上可编程存储器的容量增加到一定程度时,由于所有可优化的存储访问都已经在片上可编程存储器当中,此时优化的效果就不再变化。在图 4.18(a)中表现为片上可编程存储器的大小在 192 KB 和 256 KB 时,优化效果是相同的。

　　图 4.18(b)比较了采用进程切换优化后能耗的变化,平均的能耗分别减少了 26.06%(Cache 关闭)和 30.73%(Cache 开启)。在能耗方面具有与切换时间相似的特点。即随着片上可编程存储器容量增加而减少,在片上可编程存储器容量增加到一定程度时,就不再进一步的变化。

　　当采用了嵌入式操作系统的微内核优化后,对运行时间和能耗做了比较,如图

4.19。

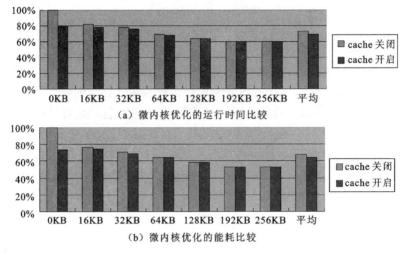

（a）微内核优化的运行时间比较

（b）微内核优化的能耗比较

图 4.19　微内核优化实验结果

　　由于片上可编程存储器容量较小时,无法容纳全部的微内核构件,因此,一些存储访问仍然需要对内存进行操作,这些内存访问的延迟时间长、能耗也较高。尽管对嵌入式操作系统微内核化并进行片上可编程存储器分配后,当片上可编程存储器的容量较小时,优化效果不明显;而当片上可编程存储器容量增大后,优化效果突出(192 KB 和 256 KB 时,无论运行时间还是能耗,均可以达到 40 ％以上的优化效果)。而平均的优化效果则由于片上可编程存储器容量较小时的影响,平均的运行时间只分别减少了 26.66 ％(Cache 关闭)和 30.81 ％(Cache 开启),平均的能耗只分别减少了 31.91 ％(Cache 关闭)和 36.27 ％(Cache 开启)。相比进程切换优化,嵌入式操作系统微内核优化的效果平均高出了 6 ％。

　　同时,从实验结果可以发现,尽管 Cache 是硬件控制,但是当 Cache 开启时,由于增加了片上存储器的面积,使得一部分代码和数据可以通过 Cache 到达处理器上,从而减少了访问时间和能耗,也能够对性能有一定的提升。

　　从上述实验结果可以看出,基于片上可编程存储器的进程切换优化更适用于片上可编程存储器容量较小的情况。对于嵌入式操作系统的微内核优化则是更适用于片上可编程存储器容量较大的情况,能够容纳较多的微内核构件;而对于较小的片上可编程存储器容量,对嵌入式操作系统的微内核优化效果不明显。

第 5 章　片上软件系统中的多道程序共享

多道程序的并行能够提高处理器的利用率。本章对片上软件系统中的多道程序并行共享片上可编程存储器进行研究,主要内容包括多道程序共享片上可编程存储器的方式,对多道程序共享时的程序分析与存储对象析取和多道程序共享时对片上可编程存储器的管理,并对其性能进行了分析。

5.1　多道程序共享方式

通过在多道程序中,将属于多个程序的进程中的存储对象分配到片上可编程存储器上,利用片上可编程存储器管理器 SPMManager 对片上可编程存储器的空间进行管理,使得多道程序的存储兑现能够同时或者在不同的时刻对片上可编程存储器进行共享,从而提高片上可编程存储器的利用次数,对多道程序进行加速,提升系统的性能。

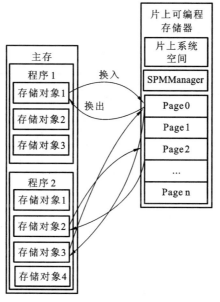

图 5.1　多道程序共享片上可编程存储器的方式

在图 5.1 中,片上系统空间是分配给嵌入式操作系统优化的对象使用的。如本书第四章中所阐述的,对嵌入式操作系统进行优化后的对象也会占用片上可编程存储器空间。SPMManager 则是负责完成片上可编程存储器管理任务,对应于片上微内核中的片上可编程存储器管理模块。

对于每个程序来说,由一个或者多个进程构成。当系统中有多个进程(可能是属于多个程序的进程)在运行时,这些进程并不是同时执行,因此,也不会同时需要占用片上可编程存储器进行加速。这样,就可以根据进程先后使用片上可编程存储器,从而达到共享片上可编程存储器的目的。然而,由于片上可编程存储器的容量有限,如果将进程作为片上可编程存储器管理时,进行换入换出的对象,那么由于进程的粒度过大,会占用较多的片上可编程存储器空间。而如果以存储对象为管理的对象,则能够减小粒度,从而提高片上可编程存储器的利用效率。

在对进程进行分析后,根据分析所得到的程序信息,可以析取出合适的存储对象,作为该进程对片上可编程存储器利用时的候选对象。对于不同的进程来说,对片上可编程存储器空间的需求也不相同,可以有多种候选的存储对象。这些存储对象在运行时,通过 SPMManager 进行协调管理。在多个程序的存储对象被分配到片上可编程存储器上之后,就形成了如图 5.2 所示的片上可编程存储器空间分布。

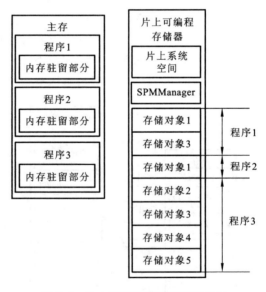

图 5.2　片上可编程存储器空间分布

每个程序都被分成了两个部分:一部分是被分配到片上可编程存储器上的存储对象,而另一部分则是仍然驻留在内存当中的程序。如果片上可编程存储器足够大,那么每个程序都可以在片上可编程存储器上占用一定的空间;否则就会产生被换出的可能性。例如,在图 5.2 中,程序 1 的存储对象 2 和程序 3 的存储对象 1 就是因为片上可编程存储器的容量不足,而被 SPMManager 置换到内存当中。位于片上可编程存储器上那一部分存储对象就可以利用片上可编程存储器的特点提高运行效率。而整个程序的效率也会因此而得到提升。在多个程序的存储对象都能够利用片上可编程存储器进行性能提升后,整个系统的性能也就得到了改善。

5.2　程序的编译分析

5.2.1　分析流程

为了能够对嵌入式应用程序进行优化,达到多道程序共享片上可编程存储器的目的,首先需要对嵌入式应用程序进行分析。在分析的过程当中,通过分析得到的信息,析取出嵌入式应用程序的片上可编程存储器候选存储对象,为片上可编程存储器的分配和管理打好基础。分析流程如图 5.3 所示。

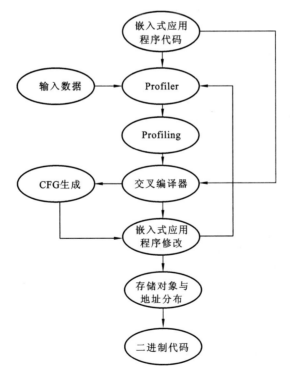

图 5.3　编译分析过程

在这个分析流程当中,以嵌入式应用软件的源代码作为分析流程的输入,以最终生成的程序的二进制代码作为输出。而在分析过程中,分别由 profiler 生成了程序的 profiling 信息,由交叉编译器生成了控制流程图(control flow graph,后文统称 CFG),对嵌入式应用程序做了相应的修改,生成了存储对象和地址分布信息。

无论嵌入式应用软件是单进程的还是多进程的,都可以通过这个流程进行分析,来生成存储对象和新的嵌入式应用程序。

Profiler用于对程序的代码进行分析。通过输入数据,在嵌入式应用程序模拟运行时,对嵌入式应用程序的行为特征进行分析。为profiler提供多种不同的输入数据,在程序的多次运行过程当中,根据程序的运行时状态,能够有效地分析出变量、堆栈、数据和代码的行为特征、访问频率、生命周期等信息。同时,还能分析出程序中各种类型数据需要空间的大小,代码部分的起始地址、偏移地址等信息。Profiler可以根据这些统计信息,按照访问频率等进行排序,将排序结果形成一张排序表,初步形成程序中频繁使用,最需要进行片上可编程存储器优化的排序,与其他的信息一起生成profiling信息。Profiling为以后的处理过程提供嵌入式应用软件的程序信息,然后再以嵌入式应用软件的源代码和由profiler提供的profiling信息为输入,提供给交叉编译器使用。交叉编译器根据profiling信息,对嵌入式应用软件的源代码进行分析。对于嵌入式应用软件来说,程序是由不同的执行路径所组成,这些执行路径决定了程序的运行结果。交叉编译器根据程序的特征,分析出程序中的控制流方向以及各个路径的细节信息,生成程序的控制流图。控制流图将为析取存储对象提供帮助。由于程序块是非线性的,交叉编译器需要根据控制流图来判断不同路径上,存储对象的代价;根据分析结果,交叉编译器将选定存储对象,并为它们生成地址分布信息。

由于需要将嵌入式应用程序分配到片上可编程存储器上,因此,需要为这样的分配增加信息,以保证程序的控制流的正确性。同样,需要对嵌入式应用程序的源代码进行修改,根据程序的控制流图,插入控制语句。最后生成程序的二进制代码。

在整个分析流程当中,即使嵌入式应用程序的代码经过了一次完整的分析流程,但是仍然可能不是最优的结果。这就需要对程序进行多次的分析。在上一次分析进行到嵌入式应用程序修改这一步骤时,可以不继续进行下一步的分析,而是将修改后的源代码返回到分析流程的起点,将修改后的源代码作为Profiler的输入,按照分析过程的流程再一次进行分析。这个过程可以往返重复,直到分析结果达到一定的要求时,再进行生成存储对象和分布地址信息以及对程序二进制代码的生成的过程。

5.2.2　控制流图分析

控制流图CFG是编译器用来表示过程或者子程序的数据结构。CFG由节点和边组成,其中,一个节点表示程序中的一个基本块,而基本块则是程序中没有跳转指令的一段代码,每个基本块的开头和结束的位置都可能有跳转指令。基本块之间的联系用有向边来表示,以起点节点和终点节点的形式表示。如果从一个基本块到另外一个基本块存在一条有向边,表示从前一个基本块有跳转指令跳转到后一个基本块。每个基本块可能有几条进入的有向边,也可能有几条转出的有向边。如果在 CFG 中存在圈型的结构,表示这是 CFG 中的循环。同时,对于每个 CFG,都会有一个进入的节点,称为入口节点;有一个节点,是 CFG 的结束,称为出口节点。图 5.4 是一个 CFG 的示意图。图中节点 B_0 是入口节点,节点 B_6 是出口节点,节点 B_3、B_4、B_5 存在循环。程序的一条执行路径是 $B_0 \rightarrow B_1 \rightarrow B_2 \rightarrow B_6$。

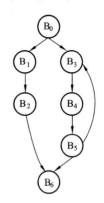

在进行多道程序共享优化时,如何选择程序的存储对象是一个非常重要的问题。可以通过选择适当的基本块作为存储对象来使用,以达到可以动态切换的目的。这就需要在对嵌入式应用软件进行分析时,由交叉编译器分析出程序的 CFG。CFG 表示程序的执行路径,通过对 CFG 的分析,交叉编译器能够利用 profiling 信息,有效地选择出合适的基本块,从而能够得到存储对象。下面以图 5.4 中所示的例子,对 CFG 进行分析。

图 5.4　CFG 示意图

由于在多道程序共享片上可编程存储器时,一般不可能将某个程序的全部内容都分配到片上可编程存储器上,因此,在选择程序的存储对象时,也并不是将全部的程序内容都作为存储对象。在这里,假设对于图 5.4 中所示的 CFG,片上可编程存储器的容量有限,只能放下两个基本块。在图 5.4 所示的 CFG 中,共有两条路径,如图5.5所示。

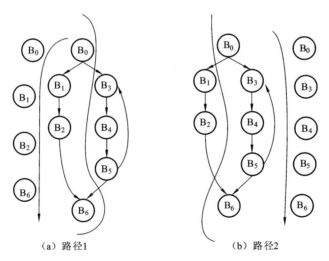

(a) 路径1　　　　　　　　　　　　　　　(b) 路径2

图 5.5　CFG 的不同路径

一条路径(路径 1)是从 B_0 开始,包括 B_0、B_1、B_2、B_6 共 4 个节点,除了入口节点和出口节点之外,还有两个节点是路径的中间节点。而另一条路径(路径 2)也是从 B_0 开始,包括了 B_0、B_3、B_4、B_5、B_6 共 5 个节点,除了入口节点和出口节点之外,还有三个节点是中间节点。除此之外,在路径 2 的中间节点 B_3、B_4、B_5 还存在着循环,其中,B3 是循环的入口节点,B5 是循环的出口节点。

由于现在片上可编程存储器的容量只能放入两个基本块,即在图 5.5 中的两条路径当中,只能选择其中一条,且只能选择两个节点放入。

　　如果不考虑 profiling 信息,则从路径 1 和路径 2 的节点来看,最为简单的方式是选择路径 1 当中的任意两个节点。如果考虑到代码的空间局部性,则可以选择的对象有 3 组,由于 B_0 和 B_6 也可能被路径 2 所使用,那么 B_0、B_6 也是一种可能的选择。这样,从路径 1 的角度,一共有 4 对候选的节点。而路径 2 由于存在循环,而这个循环由三个节点构成,那么需要对候选节点做更为仔细的选择。因此,对于路径 2,可以存在 6 对候选节点,这样两条路径上的候选节点共有 11 对,如图 5.6 所示。

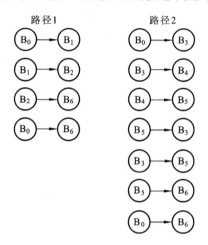

图 5.6　候选的存储对象

　　在将基本块搬入片上可编程存储器时,还需要增加跳转到片上可编程存储器的指令。因此,需要为每个基本块计算需要添加的跳转指令数。如图 5.7 所示。

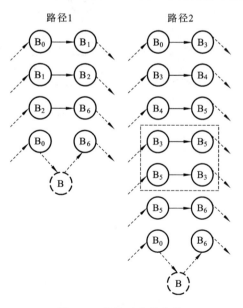

图 5.7　存储对象的代价

图中虚线箭头表示需要增加的跳转指令。从图中可以看出,尽管 B_0、B_6 作为候选节点,能够为两条路径共用,然而由于这两个节点距离远,需要向多个基本块中加入编译控制的转向指令,代价较大,这对候选节点可以排除在外。而 B_3、B_5 节点在 CFG 的循环当中,代价最小。这一对节点是最佳的候选节点。

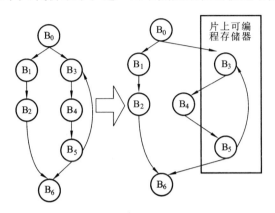

图 5.8　最佳的候选存储对象

如图 5.8 所示,是将 B_3 和 B_5 模块作为存储对象分配到片上可编程存储器时的情况。而对于 B_3,B_4,B_5 这样的循环,最佳的分配方式是当片上可编程存储器足够时,将基本块 B_3,B_4,B_5 都分配到片上可编程存储器上。同时,可以将其他的基本块作为候选的存储对象,当片上可编程存储器容量足够大时,它们也可以被分配到片上可编程存储器上。

5.2.3　存储对象生成

对 CFG 图的分析能够找出潜在的存储对象候选者。对于存储对象的生成,则需要根据 profiling 信息来对候选对象进行挑选,并对候选对象重建基本块,增加指令。

Profiling 信息记录了以多种类型数据作为输入时,程序运行时的情况。通过 profiling 信息,可以为 CFG 提供更多的分析依据。例如对于图 5.4 中的 CFG。在未知 profiling 信息时,CFG 上并没有关于从 B_0 入口节点进入时,对于两条路径的选择概率。即在分支面前,没有 profiling 信息时,两条路径具有相同的概率。这样,在选择候选存储对象时,就只能根据对 CFG 的分析进行。而在提供了 profiling 信息后,根据 profiling 信息,可以得到关于 B_0 入口节点在运行时,两条路径被选择执行的统计概率,更有利于存储对象的选择。例如,对于图 5.5 中的两条路径,假定根据 profiling 信息,路径 2 的运行概率是 10%,尽管在循环中,B_3、B_4、B_5 运行的次数更多,然而由于路径本身执行的概率小,因此,路径 1 当中的节点被选中的机会更大,从而需要从路径 1 中挑选出合适的存储对象。按照 profiling 信息,图 5.4 中 CFG 可能挑选出完全不同的存储对象,如图 5.9 所示。当路径 1 的执行概率较大时,就会产生图 5.9(a)中所示的存储对象和分配情况;而当路径 2 的执行概率较大时,则会产生图 5.9(b)中所示的存储对象和分配情况。

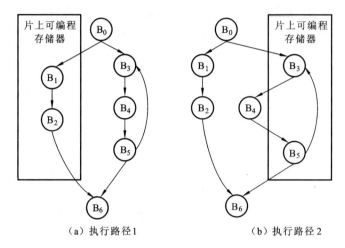

（a）执行路径1　　　　　　　　　（b）执行路径2

图 5.9　存储对象的分配示意图

　　通过 profiling 信息与 CFG 分析的结合,能够挑选出合适的存储对象,为片上可编程存储器的优化分配和多道程序共享片上可编程存储器做好准备。根据 profiling 信息,对 CFG 进行重建,重建主要是需要将 profiling 信息加入到 CFG 中,为 CFG 的节点和边增加权值。为 CFG 的节点增加的权值主要是节点的访问频率,访问频率用访问次数与指令条数的比值表示,即访问频率(frequency per instruction,FPI)＝访问次数/指令数。为边增加的权值主要是在存在分支时,增加不同路径的选择概率;如果没有跳转指令,则边的权值为 0。经过增加权值修改后的 CFG 称为加权 CFG。

　　对于图 5.4 中的 CFG,经过权值的修改后,如图 5.10 所示。图 5.10(a)是经过 profiler 分析后的 profiling 信息,而图 5.10(b)是为节点和边增加权值之后的 CFG 图。在图 5.10(b)中,根据图 5.10(a)的 profiling 信息,分别为各个节点和两个分支(B_0,B_1)和(B_0,B_3)增加了权值。通过对 CFG 的权值进行计算能够更准确地选出合适的存储对象。对于路径 1,由于分支(B_0,B_1)的权值只有 20,表明该分支发生的概率小;而路径 2 的(B_0,B_3)分支权值为 80,则表明路径 2 的发生概率大。因此,首先选择了路径 2 作为候选路径,其次,对于路径 2 中的各个节点,由于同一个循环的原因,权值相同,按照上一节对 CFG 的分析,则可以选择 B_3、B_5 作为存储对象。

　　对于加权 CFG,如果要从图中选择存储对象,必须通过各种权值的综合来进行计算,最终确定。每次对加权 CFG 进行分析时,都按照 profiling 信息表,对权值进行计算。对于一般的节点,按照有向边进行配对,并计算节点权值;对于分支部分,还要同时加上分支的权值。对于分支内的权值,使用节点权值乘以分支百分比形式的分支权值得到。对于图 5.10(b)中的(B_3,B_4),其权值的计算为$(93＋93)\times$

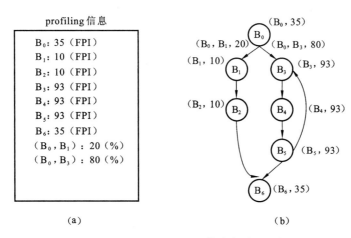

(a)　　　　　　　　　　　　　　　　　　(b)

图 5.10　CFG 的 profiling 信息与路径选择

80%=148.8,其中第一个 93 是 B_3 的 FPI 值,第二个 93 是 B_4 的 FPI 值,80%是经过 B_3,B_4 的路径执行几率。

为了将存储对象分配到片上可编程存储器上,需要为调度到片上可编程存储器上的存储对象增加指令,为 SPMManager 对存储对象的调度提供判断根据。这样的指令将会被增加到候选存储对象的开始部分和结束部分,而这部分的代价也要加入到加权表当中去。增加的进入指令被看做是一条进入的边,增加的离开指令被看做一条离开节点的边,这样的有向边称为指令边。基本的进入或者离开的边的代价记为 0,除此之外,所有多出的这样的边的权值都定义为负值,在计算加权表时,与总的权值相加。多余的指令边由于是负的权值,将会减小总的权值。

通过以上增加指令的做法能够计算得到一个整体的加权表。通过对加权表进行排序,可以形成有效的存储对象候选表。由于是多道程序共享片上可编程存储器,每个程序都可以提供多个存储对象,作为在共享时候选分配进入片上可编程存储器的候选存储对象。对于图 5.10 所表述的加权 CFG,对应的存储对象候选表,这里负的权值定义为 1。

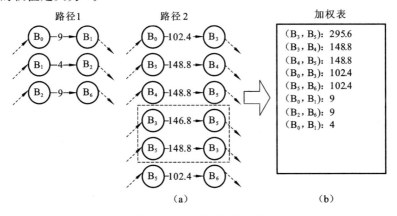

(a)　　　　　　　　　　　　　　　　　(b)

图 5.11　存储对象的选择

在图 5.11(a)中,对(B_3,B_5)和(B_5,B_3)做了合并,合并后的加权表如图 5.11(b)所示。在选择两个存储对象放入片上可编程存储器时,只要片上可编程存储器的存储空间足够,就可以从加权表中选取权值较大的两个基本块分配到片上可编程存储器上。在图 5.11(b)中,是选择 B_3,B_5 分配到片上可编程存储器上。当片上可编程存储器的容量增加时,可以按照权值继续进行选择更多的存储对象进行分配。

5.3　片上可编程存储器的管理

5.3.1　虚实地址映射

在处理器产生的地址,往往是线性地址。通过线性地址,能够为存储器提供统一的地址空间。无论是内存还是片上可编程存储器,尽管它们有不同的物理地址,但是都可以统一在线性地址空间范围内,以便系统对地址空间的分配和管理。

对于程序运行在内存中的部分,由于 Cache 和片上可编程存储器的存在,一部分将会被分配到片上可编程存储器当中,一部分内容则会被读取到 Cache 当中。因此,对于运行在系统中的程序来说,程序将会同时存在于内存、Cache 和片上可编程存储器当中。对于被取到 Cache 当中的数据,会被置为 Cached,表示这些数据已经被 Cache 所使用;而被片上可编程存储器所使用的部分,则是作为 Uncacheable 数据处理。分配到片上可编程存储器上的程序部分即是存储对象。

在对片上可编程存储器进行空间划分时,是以页为单位进行的划分,同时页的大小与系统中内存空间分页的大小相同。在进行片上可编程存储器管理时,按照按需载入页面的方式进行管理。在分页之后线性地址空间中,嵌入式程序二进制代码也是按照分页的方式存在。如图 5.12 所示。

在使用了片上可编程存储器后,线性地址空间中,一部分分配给片上可编程存储器,当程序的存储对象被分配到片上可编程存储器上之后,这些存储对象的地址仍然在统一的线性地址空间中。而在物理地址空间,这些存储对象则是由片上可编程存储器进行存储。在对片上可编程存储器进行存储操作时,由 SPMManager 对地址转换,包括对存储管理单元 MMU(memory management unit)的页表的修改。

5.3.2　片上可编程存储器的存储组织

对于嵌入式操作系统级别的优化,专门提供了片上可编程存储器空间,剩下的空间留作嵌入式应用程序的运行空间,对于这部分空间,由 SPMManager 进行管理。

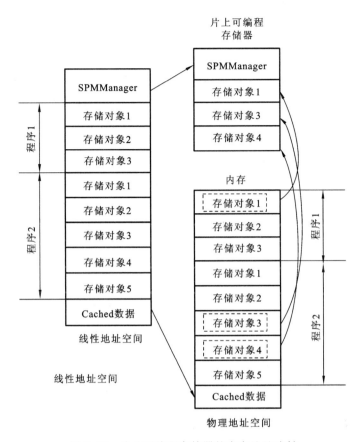

图 5.12　片上可编程存储器的虚实地址映射

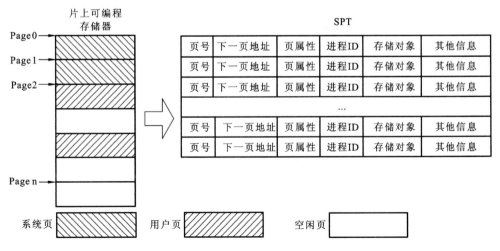

图 5.13　片上可编程存储器的存储组织

对于片上可编程存储器上的用户空间,SPMManager 维护一个所有页使用状

况的表,称为片上可编程存储器页表 SPT(片上可编程存储器 Page Table)。SPT
中的页有三类,分别是分配给嵌入式操作系统的片上可编程存储器模块使用的系
统页、已被分配给嵌入式应用程序使用的用户页和尚未进行分配的空闲页。

　　SPT 中的每一个条目,都对应于片上可编程存储器上的一个页。SPT 中的条
目有多个属性,包括页号、下一页的地址、页属性、进程 ID、存储对象号等信息。页
号是在所有页中页的编号;下一页地址是指紧邻它的下一个页的起始地址;页属性
是指页是三类页中的哪一页;进程 ID 是指拥有该页的进程的 PID;存储对象号是
指被分配到片上可编程存储器上的存储对象号。这些是页的基本信息,也可以根
据实际的嵌入式应用环境,为页定义更多的属性。

　　在片上可编程存储器上的一个页中,可能存在多个存储对象。由于一个片上
可编程存储器页只分配给一个进程,因此,在同一个页当中,只会包含同一个进程
的若干个存储对象。对于页当中的存储对象,采用链表的形式对存储对象进行管
理,如图 5.14 所示。

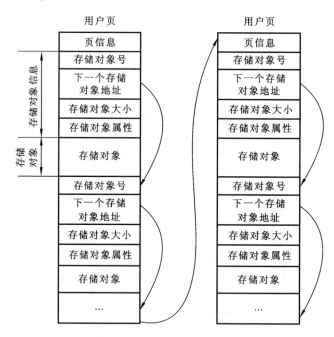

图 5.14　存储对象的组织

　　对于每个用户页都包含了页本身的信息。此外,用户页还包含了分配到该页
的存储对象信息。这些信息包括:存储对象号,用来标示存储对象;下一个存储对
象的地址;存储对象的大小;存储对象的属性以及存储对象本身。下一个存储对象
的地址信息提供了在本页存储的下一个存储对象在本页中的地址;同时如果多个
用户页被分配给同一个进程,则通过某个用户页最后一个存储对象的下一个存储
对象地址信息可以指向下一个用户页的地址。此时,最后一个存储对象的这一属
性在存储对象属性中进行标示。

5.3.3 片上可编程存储器运行时管理

进程调度管理进程队列,选择合适的进程运行。当进程被激活时,SPM-Manager 需要根据片上可编程存储器的使用情况进行分配。对于进程而言,希望能够将全部的存储对象都放入到片上可编程存储器上,以减少进程的运行时间。而对于 SPMManager 来说,需要在多个程序的存储对象中间做出折中,以更好地利用片上可编程存储器。

由于多道程序共享片上可编程存储器,在系统中同时可能存在来自不同程序的多个进程。嵌入式操作系统的进程调度模块对这些进程调度。通过对进程调度模块的优化,SPMManager 与进程调度模块进行通信,由此获得进程的信息。SPMManager 从进程获得可分配到片上可编程存储器的存储对象数据,从片上可编程存储器上选择空间分配给这些存储对象。

当多个程序进程同时运行时,通过 SPMManager 的动态分配来共享片上可编程存储器。每个进程已经通过分析为 SPMManager 提供了可供调度的存储对象。SPMManager 管理了整个的片上可编程存储器用户空间。当系统中的片上可编程存储器有空闲页时,SPMManager 优先对空闲页进行分配,以减少在将已被进程占用的页清理出来时的代价。当进程已经占用了片上可编程存储器页,而需要更多的片上可编程存储器页时,SPMManager 首先从已被该进程占用的片上可编程存储器页中找到空闲的存储区域,将这些区域分配给进程的存储对象。

而当片上可编程存储器已经全部分配给进程使用后,如果仍然需要片上可编程存储器空间,SPMManager 就会根据对片上可编程存储器的分配情况和进程的状态,将一些进程的存储对象替换为另一些存储对象。这个过程如图 5.15 所示。

图 5.15 中进程 1,进程 2,进程 3 和进程 4 先后被进程调度模块调度进入系统运行。当进程 1 运行时,由于进程 1 的可用存储对象多,SPMManager 为它分配了两个片上可编程存储器页使用,如图 5.15(a)、(b)所示。当进程 2、进程 3 进入系统运行时,SPMManager 分别为这两个进程也分配了页,如图 5.15(c)所示。当进程 4 进入系统运行时,如图 5.15(c)所示,由于已经没有空闲的页,SPMManager 从已经分配了的页当中挑选出一页来,将该页的内容迁移到内存当中,从而将进程 4 的存储对象分配到片上可编程存储器上,如图 5.15(d)所示。

由于页的大小是固定的,而存储对象的大小却是可变的。频繁的对不同大小的存储对象进行操作将会对性能产生影响。因此,对于候选存储对象较多的程序,采用对候选存储对象进行分组的方式来管理。通过编译的选择,将存储对象分成不同的组,在 SPMManager 进行片上可编程存储器分配时,直接按组将程序的存储对象调入到片上可编程存储器上。如图 5.16 所示,是单个存储对象分配与按组分配的对比。对于存储对象的大小较小而候选存储对象较多的程序,都可以通过对存储对象组进行操作。

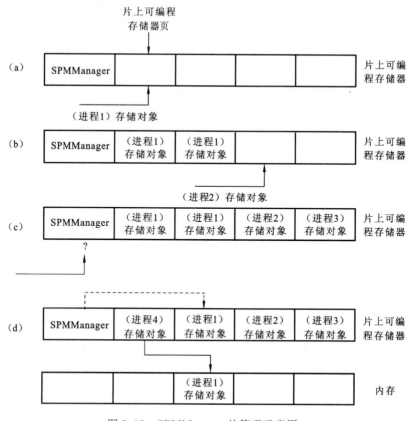

图 5.15　SPMManager 的管理示意图

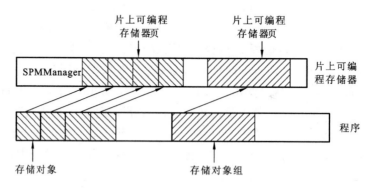

图 5.16　存储对象与存储对象组

此外，如果进程的优先级高，或者在编译时用户对进程做了特别的指示，那么 SPMManager 对这些进程页将会采取锁定的方式进行优化。当这些进程的存储对象被分配到片上可编程存储器上时，SPMManager 会将它们加上锁定标记。除了具有更高或者同等优先级的进程，或者被编译时加了同样标记的进程外，这些存储对象将不会被替换出去。

5.4 性能分析

在对多道程序进行测试时,使用了表 3.2 中的测试程序。测试内容包括了这些测试程序运行时间在优化前后的变化,能耗在优化前后的变化以及在对程序进行修改时所带来的一些损失。

图 5.17 是各个测试程序在单程序运行在片上可编程存储器上时的优化结果。从图 5.17 可以看出,随着片上可编程存储器的增加,优化效果逐渐增加;在增加到一定程度时,由于程序中的所有存储对象都可以装载到片上可编程存储器当中,从而使得存储访问都在片上可编程存储器上进行,进而优化结果不再变化。如果片上可编程存储器的容量足够大,则只运行单一程序就会造成对片上可编程存储器的浪费。对于能耗的实验结果也表明了这一点。

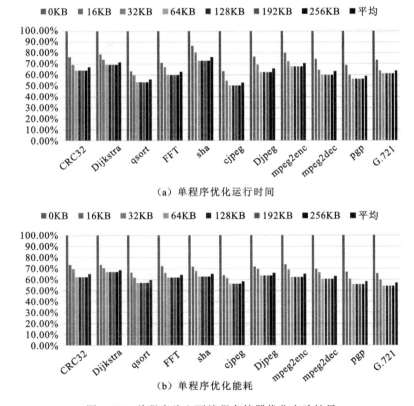

(a) 单程序优化运行时间

(b) 单程序优化能耗

图 5.17 单程序片上可编程存储器优化实验结果

为了验证多道程序并行时,多道程序个数对并行的影响,在实验时,通过改变并行程序的个数来对优化的效果进行测试。分别选定测试程序的个数为 2 程序并行、4 程序并行和 8 程序并行。通过这些不同数目的程序组的并行,能够反映出片上可编程存储器的容量与可并行的多道程序的个数之间的关系,从而为多道程序共享优化进行特殊的定制。

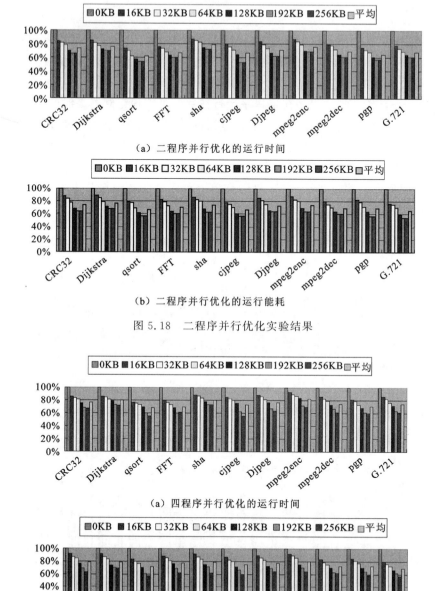

（a）二程序并行优化的运行时间

（b）二程序并行优化的运行能耗

图 5.18　二程序并行优化实验结果

（a）四程序并行优化的运行时间

（b）四程序并行优化的运行能耗

图 5.19　四程序并行优化实验结果

如图 5.18、图 5.19 和图 5.20,从各组程序运行的结果看,随着片上可编程存

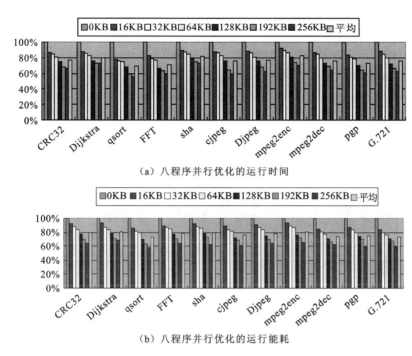

（a）八程序并行优化的运行时间

（b）八程序并行优化的运行能耗

图 5.20 八程序并行优化实验结果

储器可用容量的增加，性能得到提升，而能耗则在下降。当片上可编程存储器容量增加到可以容纳程序的全部存储对象时，操作系统就不再向片上可编程存储器内部调入存储对象，此时，即使片上可编程存储器再增加，也无法使得增加的容量得到利用，从而产生片上可编程存储器空间的浪费。

当并行的程序数目增加时，由于需要调度到片上可编程存储器上存储对象的数目也大量增加，当片上可编程存储器容量较小而并行的程序数目较多时，片上可编程存储器空间不足而需要做大量的切换，从而导致优化的结果对性能和能耗的改进都非常有限。在测试中，当并行程序是 4 个或者 8 个，而片上可编程存储器的大小为 16 KB 时，平均的性能和能耗的改进仅在 10% 左右。只有随着片上可编程存储器的容量增加较多，能够容纳更多的存储对象和减少因进程切换和程序存储对象的切换而造成损失时，性能和能耗均得到了较大的改进。

多道程序共享片上可编程存储器时，在本书的实验环境下，它们在最高性能和能耗改进时的比较如图 5.21（a）和图 5.21（b）所示。在图 5.21 中，比较基准是在单程序、2 程序、4 程序和 8 程序时，分别在无片上可编程存储器的运行结果。从图 5.21（a）和图 5.21（b）中可以看出，随着程序并行数量的增加，相对的改进程度仍然是接近的。

在多道程序共享片上可编程存储器时，由于 SPMManager 需要对存储对象和片上可编程存储器空间进行管理。当并行的程序数目增加时，存储对象的数目也随之增加。SPMManager 对存储对象和片上可编程存储器的操作会引起程序运行

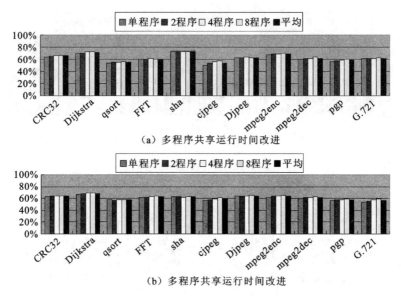

图 5.21　多程序共享时改进实验结果

时间的延长和能耗的增加。同时,由于对程序进行了修改,这也增加了程序的运行时间和能量的消耗。在测试中,这部分损耗不超过 3%,如图 5.22 所示。相对于系统性能的提升来说,这样的损耗率是可以接收的。

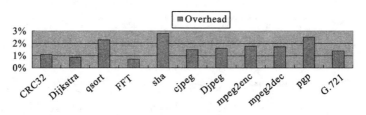

图 5.22　运行时的损失

第 6 章　面向 MPSoC 的优化方法

本章首先对 MPSoC 上多处理器核的配置进行分析,将多处理器核按照相邻关系划分成处理器核组,而片上可编程存储器也相应地分成不同的逻辑层次;然后通过对程序的编译分析,由片上软件系统将多道程序分配到 MPSoC 的多个处理器核组上;接着对 MPSoC 上的任务进行多线程化,通过片上可编程存储器的多线程优化来提高 MPSoC 上的运行效率;最后对其性能进行分析。

6.1　MPSoC 的片上可编程存储器组织

6.1.1　处理器核组的划分

当片上集成多个处理器核之后,处理器的计算资源增加。尽管片上处理器核数目的增加提高了处理器的计算能力,但是由于片上多个处理器核之间需要进行通信,通信的代价同样可能对程序的运行产生影响。为了充分利用片上的多个处理器核,片上的这些处理器核被重新在逻辑上划分,通过对处理器核的分组,形成不同的处理器核组,以减少访问延迟。对于 MPSoC 来说,最为重要的片上计算资源就是这些处理器核,因此,在划分时是以处理器核为划分的主要依据。

MPSoC 上有多个处理器核。对于相邻的处理器核,将它们在逻辑上划分到同一个处理器核组,而每个处理器核组内都是由一个或者若干个处理器核组成。从而,片上的处理器核就会被划分进不同的处理器核组之内。这样,位于同一个处理器核组内的处理器核被聚集成一个整体,能够作为更大的调度单元,由操作系统进行调度。图 6.1(a)是 MPSoC 上处理器核组划分后的组逻辑示意图。图 6.17(b)则是在每个处理器核组内部构成的示意图。MPSoC 上的存储器由片上可编程存储器构成。这种处理器核组的划分是逻辑划分,并不在物理上对处理器核进行改变。根据实际的应用背景,可以对处理器核组的划分进行定制,从而满足不同环境的需要。

核组的划分为 MPSoC 下基于片上可编程存储器的多道程序并行优化提供了基础。对于 MPSoC 下的多道程序来说,多个处理器核为多道程序的并行提供了更多的计算资源。同时,允许多道程序的并行,能够提高对 MPSoC 计算资源的利

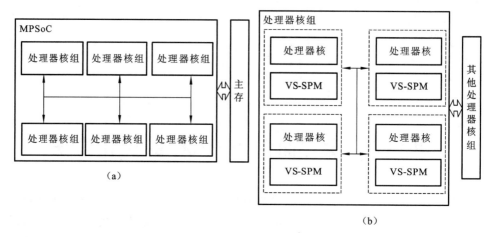

图 6.1　处理器核组逻辑结构图

用率。而片上可编程存储器则为这些多道程序的并行提供片上的存储服务。在多道程序并行时,操作系统的调度不是对某个具体的处理器核在不同的多道程序中进行调度,而是将 MPSoC 上的处理器核组作为调度单位进行分配。核组被分配给各个程序。这样,调度时的粒度是处理器核组,而不是处理器核。对处理器核组进行调度,既有利于计算资源的分配,更是通过片上可编程存储器的局部化,提高了局部性,有效地减少了多道程序的存储访问延迟,提高了运行效率。

6.1.2　片上可编程存储器的组织

在 MPSoC 上的多个处理器核被划分成处理器核组后,根据片上可编程存储器所处位置的不同,在逻辑上有三种存在形式,分别是本地片上可编程存储器、本组片上可编程存储器和远端片上可编程存储器,如图 6.2 所示。

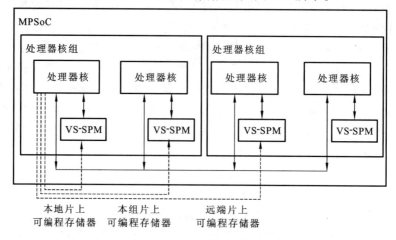

图 6.2　片上可编程存储器组织示意图

　　本地片上可编程存储器是指 MPSoC 上的某个处理器核本身所拥有的片上可编程存储器,在物理上两者是分布在一起的;本组片上可编程存储器是指在同一个处理器核组当中,其他的处理器核所拥有的片上可编程存储器;而远端片上可编程存储器则是指非同组的其他处理器核所拥有的片上可编程存储器。这些片上可编程存储器仍然以 VS-SPM 的形式出现。由此,本地片上可编程存储器、本组片上可编程存储器和远端片上可编程存储器构成了一个层次化的 MPSoC 上的片上可编程存储器存储结构。

　　在图 6.2 中的虚线分别表示了三种不同的片上可编程存储器的形式。对于任何一个处理器核来说,在需要存储器时,都会首先使用本地片上可编程存储器作为存储器;当本地片上可编程存储器的容量不足时,会向本组的其他处理器核请求片上可编程存储器空间,即使用本组片上可编程存储器;而只有在本组片上可编程存储器容量都不足时,才会使用其他处理器核组的片上可编程存储器或者根据需要对内存进行访问。

　　对于处理器核来说,本地片上可编程存储器和本组片上可编程存储器,又是局部片上可编程存储器。局部片上可编程存储器能够提供比远端片上可编程存储器更为有效的片上可编程存储器访问效率。而远端片上可编程存储器则是具有比内存更为有效的存储访问效率。对于本地片上可编程存储器,处理器核将部分的片上可编程存储器空间标记为私有。而其他的片上可编程存储器空间则可以被其他的处理器核所共享。对于本组片上可编程存储器和远端片上可编程存储器时,处理器核所能够使用的正是其他的处理器核本地片上可编程存储器可被共享的部分。

　　当 MPSoC 上的计算资源被划分成处理器核组后,程序对片上资源的使用是以处理器核组为单位。对于单个程序来说,在资源使用上是按照核组内的资源优先的原则。MPSoC 下的多道程序并行,对片上可编程存储器的共享方式也是同样。这种共享基于三层的片上可编程存储器,即本地片上可编程存储器、本组片上可编程存储器和远端片上可编程存储器。

　　对于运行在 MPSoC 上的程序,将会有部分的程序是在片上可编程存储器中。在运行时根据需要,使用本地片上可编程存储器、本组片上可编程存储器或者远端片上可编程存储器。多个程序之间通过共享的片上可编程存储器,并行运行于 MPSoC 上,如图 6.3 所示。划分核组后,同一程序使用相同的核组。为了有效地利用核组内的处理器核,程序需要被划分成不同的线程。这些线程也将会被分配到这些相同的核组当中。通过将不同的线程分配到核组内不同的处理器核上,提高了并行度,以有效利用核组的计算资源。这样,具有相关性的线程就被聚集起来。而由于相关性,这些线程使用的数据被集中地存储在核组的片上可编程存储器当中。即线程的数据首先是存储在本地片上可编程存储器和本组片上可编程存储器当中,减少了访问时的延迟,提高了线程对数据的使用效率。

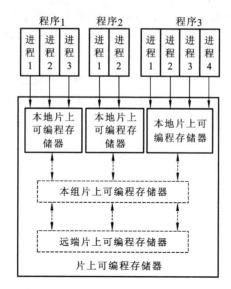

图6.3　多道程序对片上可编程存储器的共享

6.2　多道程序共享 MPSoC 的片上可编程存储器

6.2.1　程序的编译分析

对于运行在 MPSoC 上的多道程序,要共享片上可编程存储器,按照处理器核组进行调度,首先就需要对程序进行分析,确定程序的哪些片段应该存储在片上可编程存储器上,哪些应该存储在内存当中。这个过程需要借助于编译分析,来得到程序的信息和对程序进行修改,以便共享片上可编程存储器。

对于 MPSoC 来说,每个程序都是通过编译分析与处理后,再在处理器上运行。对单个程序的编译分析过程与图 5.3 中,在面向单核处理器的片上可编程存储器的优化时,对单个程序的编译分析过程类似。主要的区别在于,在面向 MP-SoC 时,由于需要对分散的多个处理器核的片上可编程存储器进行管理,无法像单核处理器优化时对片上可编程存储器的管理方式。在单核处理器优化时,采用的是析取存储对象,在运行时由一个常驻片上可编程存储器的 SPMManager 进行管理。而在 MPSoC 的片上可编程存储器优化中,这种管理方式将会带来较大的查询和通信代价。因此,在面向 MPSoC 的优化中,采用的是由程序主动向嵌入式操作系统的片上可编程存储器管理者(SPMManager)发出片上可编程存储器请求,再由 SPMManager 进行片上可编程存储器的分配,如图 6.4 所示。

在面向 MPSoC 的方法中,程序代码当中不仅仅向 SPMManager 提供了存储

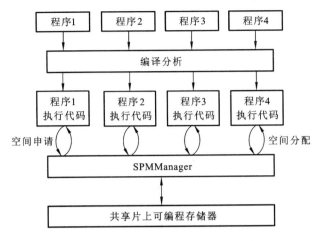

图 6.4　MPSoC 的片上可编程存储器分配

对象和相关的标记,还需要主动向 SPMManager 发出片上可编程存储器空间请求。而 SPMManager 收到请求后,根据共享片上可编程存储器的使用情况,为发出请求的程序分配片上可编程存储器空间。

在单核处理器的优化方法中,管理是由 SPMManager 主动进行;而在面向 MPSoC 的优化中,则是由程序触发产生分配。为此,面向 MPSoC 的方法在图 5.3 的"嵌入式应用程序修改"一步与面向的单核处理器的这一步有所区别。

在面向 MPSoC 的优化方法中,为程序申请片上可编程存储器空间定义了一组原语,包括:

SendRequest(PID,i,iSize),该原语由程序使用,用于在需要时向 SPMManager 发出片上可编程存储器空间请求。其中 PID 是程序的进程在嵌入式操作系统中被分配的进程号,i 是进程请求片上可编程存储器空间的存储对象号,iSize 是进程请求片上可编程存储器空间的存储对象的大小。

SendRespone(PID,i,Size),该原语由 SPMManager 使用,用于在 SPMManager 向程序发出片上可编程存储器空间请求的处理结果。其中 Size 是 SPMManager 分配给进程的片上可编程存储器空间的大小。

SendRelease(PID,i,Size),该原语由程序使用,用于在需要时向 SPMManager 发出片上可编程存储器空间释放请求。其中 PID 是程序的进程在嵌入式操作系统中被分配的进程号,i 是进程中使用片上可编程存储器空间的存储对象号,Size 是 SPMManager 分配给进程的片上可编程存储器空间的大小。

ReceiveRelease(PID,i,Size),该原语由 SPMManager 使用,用于 SPMManager 收到片上可编程存储器空间释放请求后的处理。其中 Size 是进程释放的片上可编程存储器空间的大小。

ReceiveRequest(PID,i,iSize),该原语由 SPMManager 使用,用于 SPMManager 接收片上可编程存储器空间请求。其中 iSize 是进程请求片上可编程存储器空间的存储对象的大小。

ReceiveRespone(PID, i, Size)，该原语由程序使用，用于接收 SPMManager 向程序发出片上可编程存储器空间请求的处理结果。其中 Size 是 SPMManager 分配给进程的片上可编程存储器空间的大小。

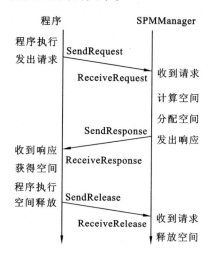

图 6.5　片上可编程存储器空间请求与分配

如图 6.5 所示，在运行时，程序如果需要片上可编程存储器空间，通过 SendRequest 原语向 SPMManager 请求空间。SPMManager 通过 ReceiveRequeset 收到请求后，计算空间的使用情况，并按照既定的分配策略，从片上可编程存储器中分配出一块给程序使用，并将这一分配结果通过 SendResponse 发送给程序。程序通过 ReceiveResponse 得到分配结果后使用分配给它的片上可编程存储器空间继续运行。当需要使用片上可编程存储器的生命周期结束时，它通过 SendRelease 向 SPMManager 发出请求，由 ReceiveRelease 接收后，SPMManager 将这部分空间收回。

在修改程序时，需要将原语插入到程序的适当位置当中。插入位置是在存储对象生命周期开始和结束的时候，如图 6.6 所示。对于图 6.6 中的存储对象 2，通过编译的分析可以知道该存储对象的生命周期。从而在对程序进行修改时，在存储对象 2 生命周期开始时，插入 SendRequeset 和 ReceiveReponse，从而在整个存储对象 2 的生命周期中都可以使用片上可编程存储器空间。而在存储对象 2 生命周期的结束点，插入 SendRelease，通过 SPMManager 释放片上可编程存储器空间。从而提供更多可用共享片上可编程存储器空间。对于该程序来说，程序中存储对象可以按照像存储对象 2 这样的方式来申请和使用片上可编程存储器空间。

而对于存储对象的析取，可以采用在第五章中提出的对象析取方法。

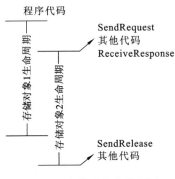

图 6.6　存储对象中的原语

6.2.2　核组调度与分配

　　处理器上的资源被划分成核组后,对于操作系统来说,在进行调度的时候就不再以单一的处理器核为调度单位,而是以核组为单位。以处理器核为单位进行调度,调度的粒度小,尤其是对多道程序并行进行调度时,操作系统需要在多个处理器核和多道程序之间进行协调。如果以核组为单位进行调度,则对于程序来说,同一程序的进程就可以被分配到同一个核组,在同一个核组内进行通信和存储的共享。

　　划分成的处理器核组,通过核组配置表的形式提供给嵌入式操作系统。操作系统在调度时,依据核组配置表获取核组的信息,并将单个的核组当做一个基本的分配单元分,在多道程序之间进行调度和分配。对于每个处理器核组,操作系统都维持一个就绪任务队列。当某个处理器核组上的任务运行结束后,操作系统就分配就绪任务到这个处理器核组上去,如图 6.7 所示。

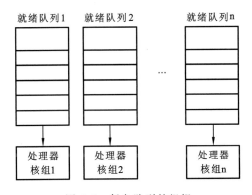

图 6.7　任务队列的组织

　　对于同一个程序的多个进程来说,通常会被调度到同一个就绪任务队列当中。在对核组进行划分时,并不是简单的平均划分,而是按照实际的使用情况进行配置。一个处理器核组内可以有多个处理器核资源。因此,当多进程的程序运行时,尽管该程序只能使用某个处理器核组,但是由于处理器核组内部的计算资源同样丰富,当这个就绪任务队列对应的处理器核组可用时,该程序对应的进程可以被分配到这个处理器核组上运行。如果存在多个进程,这多个进程可以共用这个处理器核组,在这个核组内的多个处理器核上并行的运行,如图 6.8 所示。

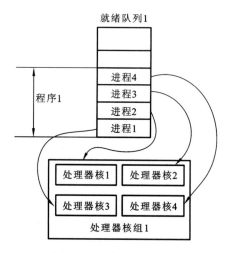

图 6.8　程序进程的映射

为了提高对处理器核资源的利用效率,在某些情况下,则可以将单个程序的多个进程同时调度到多个队列当中。即当处理器上存在空闲的处理器核组,而在某个队列当中仍然存在多个进程时。这时,采用如下的策略进行调度:首先将属于同一个程序的进程全部迁移到空闲的处理器核组对应的队列当中;如果仍然有处理器核组空闲,而剩下的就绪队列中,存在同一个程序的进程无法全部调度到一个处理器核组当中的情况时,才将多余的进程调度出来。

在进行分配时,程序中并行的进程数目与核组当中的处理器核资源数量进行对应。对于可能有较多进程并行的程序,将会被分配到拥有较多资源的处理器核组上。通过这种分配方式,将同一个程序的进程以及更小的调度单位线程聚集到了同一个处理器核组内,有利于数据的共享。

6.2.3　片上可编程存储器管理

当多道程序按照核组并行运行在 MPSoC 上时,各个程序的进程向 SPMManager 申请片上可编程存储器空间使用。SPMManager 是嵌入式操作系统的一部分,整个片上可编程存储器空间都受到 SPMManager 的管理。在面向 MPSoC 时,由于每个处理器核都有一段片上可编程存储器空间,其中有处理器核私有的空间,也有共享的空间。同时,还存在本地片上可编程存储器、本组片上可编程存储器和远端片上可编程存储器的逻辑层次。

对于 SPMManager 来说,它需要为多道程序的并行提供片上可编程存储器的空间分配。SPMManager 需要记录每个处理器核的片上可编程存储器的地址空间范围,私有的片上可编程存储器的地址空间范围,共享的地址空间范围以及整个片上可编程存储器空间的分配使用情况。同时,SPMManager 还需要核组配置表。在核组配置表中有各个核组内部的计算资源的信息。当 SPMManager 接收了来自程序的片上可编程存储器申请时,它通过片上可编程存储器的空间分布、使用情况和核组配置表的信息来对空间进行分配,分配过程如图 6.9 所示。

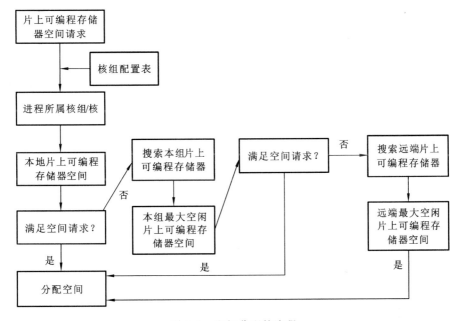

图 6.9　空间分配的流程

在 SPMManager 收到请求后,通过请求信息,SPMManager 能够得到进程 PID 号,从而得到进程所属的处理器核组与处理器核。SPMManager 首先从对应的处理器核的本地片上可编程存储器当中寻找足够的空间分配给进程;如果无法找到足够的空间,则从本组片上可编程存储器中,找到足够的空间分配给进程;如果仍然无法找到足够的空间,则向其他的核组寻求空闲的片上可编程存储器空间。在需要本组片上可编程存储器空间时,首先从具有最大空闲空间的同组处理器核的片上可编程存储器获取空间。而在需要远端片上可编程存储器空间时,首先从空闲的处理器核组获取,其次是不空闲而具有最大空闲空间的异组处理器核的片上可编程存储器空间。

为了避免存储分散造成的访问延迟,减少对其他处理器核组的存储干扰,在向远端片上可编程存储器申请空间时,只进行有限的次数。之后如果仍然需要申请片上可编程存储器空间,则选择在本地片上可编程存储器空间中进行替换以获得更多的空间。

6.3　共享片上可编程存储器的线程调度优化

6.3.1　程序的多线程改进

为了充分利用 MPSoC 上的计算资源,可以通过提高程序的并行性来达到这一目标。在单核的体系结构中,由于只有一个计算核心,所有的程序只能由这个计算核心来完成。而在多核体系结构中,随着计算资源的增加,可以进行并行处理。提高并行性的一个重要方法,就是将程序当中的可并行部分尽可能的线程化,将程序的多个线程分配到多个处理器核上。如图 6.10 所示是在 MPSoC 下多线程的并行示意图。

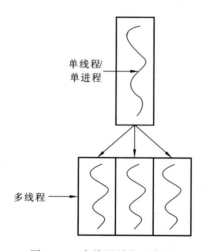

图 6.10　多线程并行示意图

将单进程或者单线程的程序进行多线程化,形成可以并行运行的多个线程。尽管这些线程是单独运行的,但是它们的代码和数据是共享的,只是各自拥有独立的栈和寄存器;在内存中的地址空间也是同一段地址空间,资源也可以共享。对于 MPSoC 来说,在多个线程并行时,能够更加充分地利用处理器资源。而多线程的资源共享特征,也有利于以片上可编程存储器作为存储器时的存储管理。

程序的并行性首先表现在功能上。对于每个程序来说,并不是在程序的整个运行过程中都只完成一个单一的任务,它可能由多个子任务构成,如图 6.11(a)所示。这些子任务分别占用系统的不同资源,以模块或者函数的形式表现。在非多线程的程序中,这些子任务只能以线性的顺序执行,如图 6.11(b)所示。将这些子任务拆分成多线程,则在运行时,它们就可以并行,缩短整个程序的运行时间。而在拆分成多线程后,这些子任务就可能以并行的形式执行,如图 6.11(c)所示。单线程和多线程程序运行示意图如图 6.11(d)(e)所示。

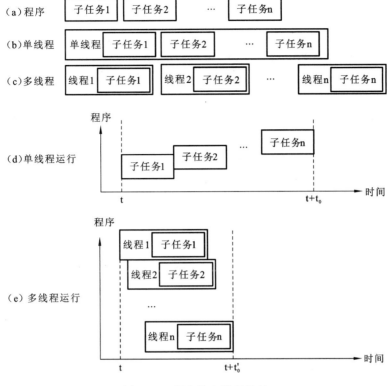

图 6.11　程序的多线程并行

当子任务之间没有依赖关系时,拆分出来的多个线程可以被分配到多个不同的处理器核上,并且能够完全的并行执行。这样,既能够充分利用处理器资源,又能够最大的提高程序的并行性,改进运行效率。

同时,由于依赖关系的存在,对于具有依赖关系的子任务,在进行线程拆分时,需要将依赖关系标示出来,由操作系统在调度时根据依赖关系进行线程的调度。

除此之外,对于数据密集型的程序,可以通过对数据操作的划分来进行线程的拆分。尤其是对于在多媒体类型的程序,对数组的操作较多,因此,可以通过对数组操作的拆分来划分线程。同样的,对于依据数据密集型划分出来的具有依赖关系的线程,也需要进行标示,以便操作系统进行调度。

与此同时,为了对片上可编程存储器进行充分的利用,对数组拆分后,在进行存储对象的析取时,同样也会产生变化,所析取出来的存储对象与未拆分前有所不同。图 6.12 中所示,是进行数据操作拆分的一个示例。

图 6.12(a)是一个数组操作的程序片段。对于图 6.12(a)中的数组操作,可以将原有的程序部分划分成为四个不同的线程,如图 6.12(b)所示。这四个线程对各个数组的不同数组成员分别进行计算。而在进行存储对象的析取时,也按照新的线程的划分对数组的改变进行。这样,原有的由各个数组组成的存储对象,经过重新的析取过程,就变成了由不同数组、不同的数组成员构成的四个存储对象,如

图 6.12(c)所示。

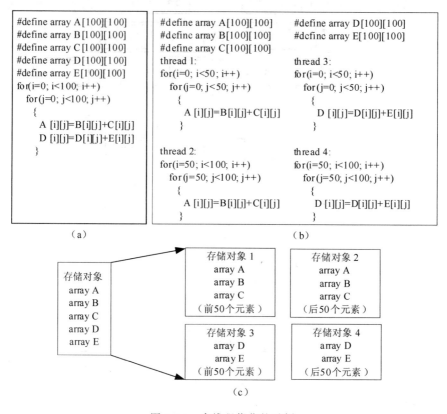

图 6.12　多线程优化的示例

6.3.2　片上可编程存储器的多线程优化

　　程序多线程化提高了程序的并行性,同时,多线程化也为 MPSoC 上片上可编程存储器的有效利用提供了基础。片上可编程存储器作为片上的存储器,能够为多线程并行提供较高的访问速度。不仅如此,利用片上可编程存储器也能够充分地实现在关联线程之间的共享。由操作系统来完成对多线程在 MPSoC 上的调度工作,并按照处理器核组划分与多线程的属性,来针对性的进行分配,以提高系统的效率。

　　来自同一个进程的多线程具有相当多的共享成分。这种共享关系在进行程序的任务分解时可以确定,并传递给操作系统。在操作系统获得这种共享关系之后,在对多线程进行调度时,来自同一个程序的线程会被分配到同一个处理器核组当中。对于拥有多线程的程序来说,分配到同一个核组当中,更有利于片上可编程存储器利用,如图 6.13 所示。

　　来自同一个程序的多个线程被操作系统聚集起来,统一进行分配。这种线程

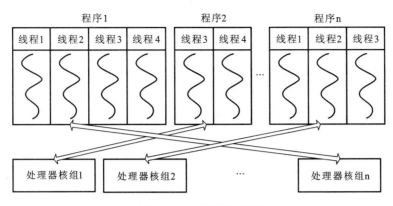

图 6.13　多线程的分配

的聚集以线程的来源和共享关系作为基础。来自同一个程序的线程具有更多的共享关系,因而会被作为一个聚集的集合进行分配。与此同时,由于处理器核组之间具有一定的差异性,在分配时,操作系统并不是随意地将多线程分配到核组上。操作系统是以程序中被划分出来的线程的数量和处理器核组资源的配置为依据,来对多线程进行调度。线程数量与核组资源是一个线性的对应关系,即如果线程数量较大,则分配到的核组的资源数量也较多。当然,根据具体的应用环境,也可以进行具有针对性的定制。

　　不仅如此,在同一个处理器核组内,当线程被分配给具体的处理器核时,线程、线程私有数据、处理器核和片上可编程存储器之间也会存在对应的分配关系。线程私有数据由它的拥有者访问,而本地片上可编程存储器的访问则是对处理器核的存储访问最为有效的方式。当线程被分配到处理器核的时候,需要以此为根据来进行调度。

　　当多线程并行时,这些线程通过操作系统调度到同一个处理器核组当中。不同的线程能够分别地映射到这个处理器核组的不同处理器核上。而这些线程的数据(包括线程共享的部分和线程私有的数据部分),都分别映射到处理器核组内的片上可编程存储器上。以图 6.14 中的映射关系为例。对于映射到处理器核 1 上的线程来说,它访问本地片上可编程存储器具有最高的效率,因此将它的线程私有数据也映射到处理器核 1 的本地片上可编程存储器上,从而在对数据进行操作时,可以直接在本地片上可编程存储器上进行。而对于这些线程来说,它们的共享数据和代码也会被集中存储在该处理器核组的片上可编程存储器上。数据的共享可以在核组内进行。由于片上可编程存储器是通过地址进行访问,因此在同一个核组内的共享代价较小。

　　当本地片上可编程存储器的数据不被经常换出时,具有更高的访问效率,尤其是对于具有依赖关系的线程。多线程之间尽管可以并行,然而在多线程之间仍然可能存在依赖关系。对于存在依赖关系的多个线程,可以通过线程流水来解决依赖关系的问题。通过线程流水,可以将线程的数据保留在本地片上可编程存储器

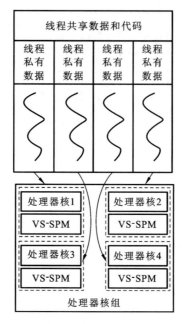

图 6.14　核组内的线程分配

当中。由于线程固定在一个处理器核上运行,减少了线程在不同处理器核之间迁移引起的迁移代价,同时也使得本地片上可编程存储器的内容保持稳定,减少因数据的换入换出引起的访问延迟。

对于拥有多线程的程序,多线程之间的依赖关系可以在对程序进行任务拆分的时候确定。根据这些依赖关系可以形成多线程之间的依赖关系表。以依赖关系为基础,可以为多线程设计并行的线程流水,运行在核组内的处理器核上,如图6.15所示。

在图 6.15(a)中表示了某程序的五个线程具有的依赖关系。当这五个线程被分配到某个具有两个处理器核资源的核组时,按照依赖关系可以形成如图(b)所示的线程分配方式和线程的执行顺序。由于线程 3、线程 4 和线程 5 均需要等待其他线程的执行。在第二次运行时,线程 1 的执行可能因为调度的原因被调度到处理器核 2 上执行,从而翻转了整个执行的序列。而经过流水化后,形成了如图 6.15(c)中的执行序列。以处理器核 1 作为第一流水级,以处理器核 2 作为第二流水级,从而处理器核 1 只执行线程 1 和线程 2,而处理器核 2 只执行线程 3、线程 4 和线程 5。由于依赖关系而产生的线程等待时间在这里通过流水的方式消除了,因而能够更快地完成任务。

对于片上可编程存储器来说,如果不经过线程调度的优化,不仅线程与处理器核的映射关系发生了改变,各个处理器核的本地片上可编程存储器的内容也因此发生了改变。每次线程与处理器核之间映射关系的变化,都会引起本地片上可编程存储器之间发生一次交换,从而产生了额外的交换时间,延长了程序的执行时

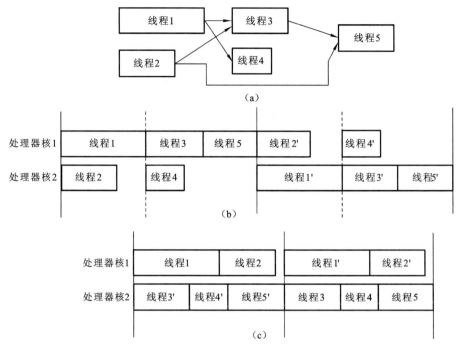

图 6.15　线程流水的示意图

间。而对于流水后的线程,各个线程始终在同一个处理器核上运行,从而保证了本地片上可编程存储器中的数据的稳定性。

6.4　性 能 分 析

6.4.1　多道程序共享优化性能分析

在单程序使用片上可编程存储器时,由于其他程序即使并行也不能共享使用片上可编程存储器。在多道程序并行共享 MPSoC 上的片上可编程存储器时,如图 6.16、图 6.17 和图 6.18 所示,程序的运行时间缩短(二程序 39.84%,四程序 34.77%,八程序 28.92%),能耗降低(二程序 46.10%,四程序 39.08%,八程序 28.79%)。

在多道程序共享时,对于每个核组来说,分配到这个核组上的程序可以使用这个核组内的全部片上可编程存储器。尽管在一个处理器核上只有一块片上可编程存储器空间,但是实际可使用的是两块片上可编程存储器空间,因此,效率得到了较大的提升。随着并行程序数目的增加,由于需要在程序切换时将存储对象也切换出片上可编程存储器,因此对系统的性能改进也降低了。同时,随着片上可编程存储器的增加,当片上能够容纳更多的存储对象时,也会对性能带来提升。

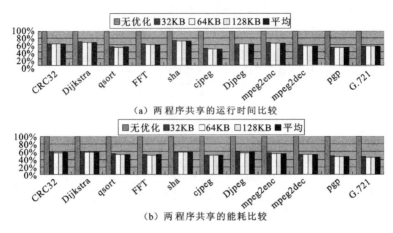

（a）两程序共享的运行时间比较

（b）两程序共享的能耗比较

图 6.16　两程序共享优化实验结果

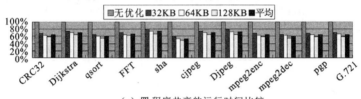

（a）四程序共享的运行时间比较

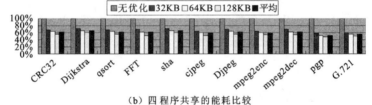

（b）四程序共享的能耗比较

图 6.17　四程序共享优化实验结果

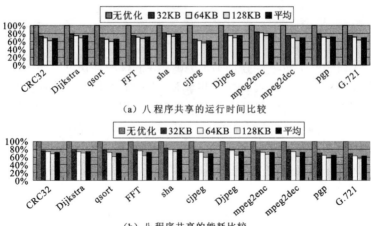

（a）八程序共享的运行时间比较

（b）八程序共享的能耗比较

图 6.18　八程序共享优化实验结果

6.4.2　多线程优化性能分析

表 3.2 中的测试程序均为单线程的嵌入式程序,因此通过本书的方法将这些测试程序拆分成不同的线程,并在测试平台上对拆分后的线程进行测试。在经过拆分后,测试程序被拆分成从 2 线程至 4 线程不等的多线程程序。运行的环境与上节中的环境相同。

如图 6.19 所示,在对程序进行多线程优化后,与没有线程化而运行在多核平台上的程序相比,在运行时间方面的性能平均提高了 43.72 %。由于多线程化使得程序能够同时运行在多个处理器核心上,因此,程序的运行速度得到了很大的提高;同时,由于不同线程的数据都存储在本地片上可编程存储器上,从而减少了访存延迟,也有利于提高程序的运行速度。而在能耗方面的提高则非常有限,平均为 18.39 %。主要原因是尽管非线程化的程序没有办法达到并行的效果,但是同样可以使用片上可编程存储器,能耗也得到了改进。这样,多线程优化后的能耗改进就无法大幅度的提升。

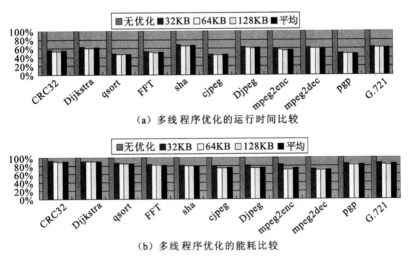

（a）多线程序优化的运行时间比较

（b）多线程序优化的能耗比较

图 6.19　多线程优化实验结果

第 7 章　片上软件系统中的事务存储

本章对片上软件系统中的事务存储进行分析。以片上可编程存储器为硬件支持,片上软件系统构建了面向 MPSoC 的事务存储机制,即片上事务存储。片上事务存储在不改变硬件体系结构的情况下,将事务的各项操作通过片上可编程存储器来进行,减少对主存的访问,从而提高事务存储的效率,降低事务存储的功耗。

7.1　片上事务存储

7.1.1　片上事务存储的定义

事务存储对于多核处理器系统中的死锁避免、减少共享资源管理所带来的损失具有重要的作用,在多线程并行环境中具有较高的效率。在 MPSoC 平台上,由于同样需要解决资源共享问题,因此也可以使用事务存储的设计思想。片上软件系统中提出了事务存储设计,通过片上可编程存储器来提高 MPSoC 平台上事务存储的效率。

在既有的事务存储研究中,硬件事务存储需要得到额外的体系结构支持,通过增加硬件部件来获取较高的效率。硬件事务存储中体系结构的变化主要体现在为了支持事务而增加的特殊 buffer 或者是新增的 Cache 标记位。新增的 buffer 主要用来存储共享数据的中间结果;而在事务中对共享数据的读写操作则通过 Cache 的标记位来进行体现。TCC(transactional memory coherence and consistency)[144]是典型的硬件事务存储。TCC 在既有硬件上增加了一个写 buffer,并为每个单一处理器核的 Cache 增加了相应的读标记位。TCC 还增加了专门的"提交控制"模块,以控制事务的提交步骤,检测提交冲突并确保共享数据的一致性。还有一些硬件事务存储通过扩展处理器指令集、增加额外的硬件原语来提供事务存储的支持。硬件事务存储具有较好的原子性,并且执行效率较高。但是硬件事务存储的主要问题是对硬件结构的改变较大,极大地限制了其应用范围。

软件事务存储则是通过软件编程的方式来实现共享数据的事务管理。典型的软件事务存储包括了编程接口,运行时环境和事务粒度等。尽管锁机制由于其性能限制,难以用于多线程并行环境,但是在软件事务存储中锁依然是很重要的工具,通过锁来保护共享数据。在软件事务存储中,事务不会因为锁而停留在等待状态,而是通过事务的冲突检测和仲裁来实现事务存储的无阻塞。与硬件事务存储相比,软件事务存储具有不改变处理器体系结构,无需额外硬件的特点,能够在既有的硬件上实现。但是由于软件事务存储设计与实现上的复杂性,其效率较低,甚至可以引起多达 40% 以上的性能损失。

硬件事务存储和软件事务存储分别具有各自的优缺点,因此引入了 HybridTM 来综合利用 HTM 和 STM 的优势。HybridTM 是通过软硬件组合以实现事务存储,HybridTM 的不同实现会具有差异性的特征。一般而言,HybridTM 仍然需要部分的硬件支持,但是相对来说对硬件结构的改动较小;通过硬件的支持,再加以软件的适应性调整,从而提高事务存储的效率。HybridTM 的主要缺点是仍然需要来自体系结构的支持,导致兼容性和灵活性存在不足。

因此,在片上软件系统中针对性地提出了片上事务存储(SPMTM)的设计,将片上可编程存储器作为对事务的既有体系结构支持,其结构如图 7.1 所示。片上并行的多线程通过片上事务存储来实现无等待的数据处理。片上事务存储与其他片上软件系统的组件不同,需要通过片外事务存储获得支持。片上事务存储中所保存的事务数据既包括了片上可编程存储器中的可访问数据,也包括了片外主存上的可访问数据,从而确保多线程共享数据的效率。片上事务存储通过将多个数据操作进行封装,构建出过程化的共享数据操作。事务的信息由片上可编程存储器进行存储。当事务提交或者发生其他操作时,直接从片上可编程存储器进行信息的操作,提高事务处理的效率。

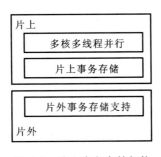

图 7.1　片上事务存储架构

由于片上可编程存储器在众多的 MPSoC 芯片上都已经作为固定的片上存储器存在,因此与传统的 HTM 或者 HybridTM 相比,具有更好的硬件兼容性。同时,作为软件可编程的存储空间,片上事务存储又是程序员可见的,可以进行较好的优化。片上事务存储能够兼具 HTM 和 STM 的优势,又比 HybridTM 具有更小的代价。

7.1.2　基本事务模型

　　片上事务存储通过利用片上可编程存储器来提供嵌套的软件事务存储。典型的软件事务存储是基于存储层次结构的共享对象操作。事务应当是原子的、隔离的，这是事务必须得以满足的基本属性。需要通过系统的控制来安排不同事务对共享数据进行访问的序列以提高系统性能。如果对共享数据的访问存在冲突，事务存储应当检测到这些冲突并提供解决方案。片上事务存储提供了相应的事务冲突解决方案。

　　在片上事务存储中，每个事务都是一个包含了本地和共享存储访问的指令序列。片上事务的生命周期包含四个步骤，如图 7.2 所示。

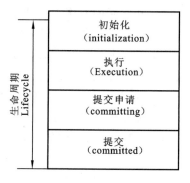

图 7.2　事务的生命周期

　　片上事务的生命周期分别为初始化、执行、提交申请、提交，如下：

　　初始化（initialization）：事务是程序员可见的，事务对象由程序员在编程时指定。因此，在执行到事务对象所在的程序段时，事务对象就会被创建出来，完成初始化工作；

　　执行（execution）：在运行过程中，执行事务对象所在程序的正常指令，包括了读取共享数据，修改共享数据等；

　　提交申请（committing）：事务对象完成所有操作后，该事务对象设置为提出提交申请，在此阶段，事务对象的内存操作并没有实际写回内存，仍然在片上可编程存储器空间当中，例如对于事务对象 TOB_1，它对内存地址 A 的写操作保存在它的片上可编程存储器空间中，保存位置为 Owner 为 TOB_1，Address 为 A 的内存操作项的修改数据（modified line）一栏；

　　提交（committed）：事务对象的内存操作，尤其是写操作的结果被写回到内存。提交申请状态只表示事务的基本操作已经完成，不表示事务本身的完成。只有当事务对象处于提交状态，事务本身才能被认为是完成的。

　　在事务的生命周期过程中，每个事务对象有如下状态：

　　活动状态（active）：事务正在正常执行事务中包含的一系列指令，包括对共享数据的访问。

阻塞状态(suspended):当事务发生冲突时,冲突事务不会被直接中止,而是被设置为阻塞状态。其代价是事务会在恢复执行时耗费更多的时间。

中止状态(aborted):根据冲突策略被裁定为需要回滚的事务进入中止状态,并进行数据的恢复操作。

提交申请状态(committing):事务的操作已经全部完成,正在等待最终的提交。处于提交申请状态的事务可能由于冲突而被冲突仲裁策略判定为中止,因此提交申请状态并不是事务的所有数据操作确定完成的状态。

提交状态(committed):事务的提交已经完成,事务的生命周期结束。此时,事务对数据的所有操作真正完成。

事务生命周期的变化如图 7.3 所示,其状态转换如下:

初始化完成后,事务进入活动状态;活动状态的事务处于其生命周期的执行步骤。

在未发生冲突时,事务完成操作进行提交申请状态。

最终完成提交操作,事务结束。

若在活动状态发生冲突且被仲裁为优先权低的事务,则:

事务进入阻塞状态。此时事务暂停执行,直到冲突情况得以解决;或者冲突情况无法解决,事务被中止,执行回滚操作。

事务直接被中止。此时事务将执行回滚操作,被中止事务对共享数据的修改将被恢复为原始数据。

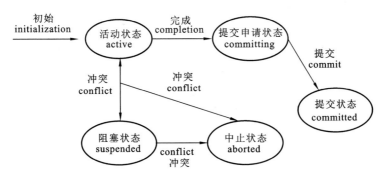

图 7.3 事务生命周期的变化

无论事务处于何种原因被回滚,该事务修改过的所有数据都会被 SPMH 恢复到该事务的操作未进行之前的状态。事务的回滚过程如图 7.4 所示。

对于事务 TOB_1,在其生命周期的执行过程中,会发生对数据的修改操作,例如对数据 A(在时间点 1)、数据 B(在时间点 2)和数据 C(在时间点 3)的修改。在时间点 4,TOB_1 被中止,则 TOB_1 对数据 A、数据 B 和数据 C 的修改变为无效修改。数据 A、数据 B 和数据 C 的值应予以恢复,以确保系统的正确运行。因此,在时间点 4 到时间点 5 之间,片上软件系统执行撤销操作,将数据 A、数据 B 和数据 C 的值恢复原值。

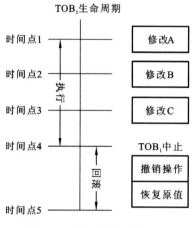

图 7.4　事务操作及其回滚

7.2　片上可编程存储器的管理

7.2.1　基本存储管理组织结构

在片上事务执行时,事务所拥有的信息会被存储到片上可编程存储器上。由于片上可编程存储器的大小有限,因此需要对片上可编程存储器进行重新组织,以提高其使用效率。片上可编程存储器按照如图 7.5 所示,被分成若干不同的事务块(transaction block,TB),事务所处理的数据将会存储在这些事务块中。由于不同事务的数据通过事务块隔离开来,因此事务中的数据很容易得到保护。所有事务块的信息在事务控制块(transaction control block,TCB)中,对整个片上事务存储的情况进行控制。

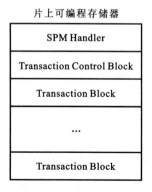

图 7.5　片上事务存储中的片上可编程存储器组织结构

事务信息块(transaction information block, TIB)是片上可编程存储器中事务的数据结构(如图 7.6 所示)。TIB 记录了事务的相关信息,包括了事务 ID(transaction ID)、PT ID、事务状态(transaction status)、读集合(readset)、写集合(writeset)和优先权(priority)等内容。其中,事务 ID 用来对不同的事务进行区分,是事务的唯一标志;事务的状态在事务状态中记录;读集合和写集合分别用来对事务的读写操作进行记录;优先权用来区分不同事务的优先等级;PT ID 是事务信息块中记录的特殊信息,它声明了当前事务的父事务 ID(parent transaction ID, PT ID),从而为嵌套事务提供支持。

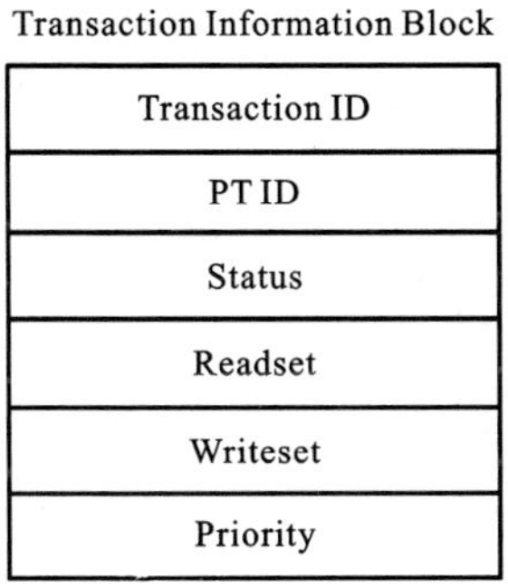

Transaction Information Block

Transaction ID
PT ID
Status
Readset
Writeset
Priority

图 7.6　事务信息块的组织结构

7.2.2　片上事务存储管理器

为了便于片上可编程存储器的管理,片上事务存储中提供了一个特别的部分,称为片上事务存储管理器(SPM handler, SPMH)。SPMH 专门用来管理片上事务存储所使用的片上可编程存储器,其结构如图 7.7 所示。SPMH 包括三个部分的功能,分别是片上可编程存储器的管理、用户接口和事务的管理。片上可编程存储器管理功能用来管理片上可编程存储器的存储空间,包括存储空间分配、存储空间回收和存储空间保护;用户接口是为用户提供的接口,用来操作事务和存储空间;事务管理功能通过 TIB 来实现。SPMH 通过增加、修改和删除事务的 TIB 来进行事务的管理。

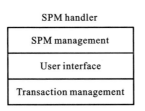

SPM handler

SPM management
User interface
Transaction management

图 7.7　SPM handler 的结构

如果数据是作为共享数据存在,则可以在片上可编程存储器中进行冲突检测。

如图 7.8 所示,拥有者 ID(owner ID)用来标记该行数据的所有者事务,表示该行
数据已经被此事务首先使用。片上可编程存储器上的每一个数据行都有一个位标
记,用来标记该共享数据是否产生了冲突。地址(address)部分则用来标记共享数
据在存储空间中的位置。此时所标记的位置包括两个部分:共享数据本身存在于
主存和存在于片上可编程存储器。因此地址部分的既可以是主存地址,也可以是
片上可编程存储器地址。被修改的数据和原始数据都记录在同一数据行中,这些
数据,都是作为临时数据存在。当事务提交成功后,处于对应事务 modified line 的
数据被写回该行 address 域所指向的存储位置。当数据的所有者事务被中止时,原
始数据就会用于进行数据的恢复,从而使得数据不会因为事务的中止而发生不可
逆的变化。在事务存储中,称其对存储的操作为事务对象(transactional object,
TOB)。

Owner ID	Conflict Tag	Address	Modified Line	Original Line
TOB$_1$	0	A	Modified X	Original X
TOB$_1$	1	B	Modified Y	Original Y
TOB$_2$	0	C	Modified Z	Original Z

图 7.8　片上可编程存储器的数据行

7.3　嵌套的片上事务存储

7.3.1　冲突仲裁策略

在执行过程中事务对共享数据的操作可能会导致冲突。从图 7.3 中可以发
现,对于一个事务 TOB$_1$ 来说,在如下环境中会发生冲突:

在 TOB$_1$ 进行读操作的过程中,TOB$_1$ 发现目标访问对象正在被其他事务进行
写操作;

在 TOB$_1$ 进行写操作的过程中,TOB$_1$ 发现目前访问对象正在被其他事务进行
读操作或者写操作。

冲突发生时,会有至少两个事务受到影响。冲突仲裁策略用来确定对哪个事
务进行中止或者延迟操作,对事务性能起到非常重要的作用。不同的冲突仲裁策
略会对冲突事务进行不同的操作,赋予冲突事务不同的优先权。片上事务存储机
制中,也提供了冲突仲裁策略以检测事务冲突并提供相应的解决方案。

片上事务存储机制中对冲突的策略是基于优先权的策略。如果多线程系统中
的每个线程具有优先级,则在进行冲突仲裁时首先以线程本身的优先级进行判断。

高优先级的线程,其事务同样具有高优先级,因此得以继续执行。如果线程优先级相同,则根据事务优先级进行判断。该优先权包括两个部分,首先是基于读/写操作次数的优先权,称为操作优先权(operation priority,OPri)。在软件支持的事务存储中,读/写操作所完成的次数非常重要。当冲突发生时,中止一个完成了大量读/写操作的事务所付出的代价,要远大于中止一个正在初始化阶段的事务。因此中止完成更少读/写操作的事务具有更高的效率。其次是根据事务的开始时间所建立的优先权,称为时间优先权(timeline priority,LPri)。越早开始的事务,其优先权越高;越晚开始的事务,其优先权越低。

每个片上事务存储对象所具有的优先权(TPri),其表达方式如下:

$$TPri = (OPri, LPri) \tag{7.1}$$

其中,OPri 的计算方式为每次读/写操作完成后,OPri 的值增加 1,意味着该事务的优先权加 1,即

$$OPri = OPri + 1,完成一次读/写操作后 \tag{7.2}$$

LPri 的计算通过对事务开始到冲突发生时事务的执行时间来获得,计算方式如下。其中,T_{stamp} 是事务开始执行的时间戳。

$$LPri = T_{stamp} \tag{7.3}$$

当冲突发生时,通过比较 TPri 值来衡量冲突事务的重要性。具有更高 TPri 值的事务会继续执行,而具有较低 TPri 值的事务则被阻塞或者中止。阻塞的事务称为 TSu,而继续执行的事务称为 TCo。在实际进行比较时,OPri 和 LPri 具有不同优先权计算方法,因此分开进行比较。首先比较冲突事务的 OPri。具有高 OPri 的事务继续执行,具有低 OPri 的事务被阻塞,不再比较 LPri。为了避免当冲突类型是读冲突时,低优先权事务不会被立即中止,而是先被阻塞。TSu 必须以阻塞状态进行等待,直到共享数据被 TCo 所释放,成为可用数据。当共享数据可用时,TSu 可以恢复执行。如果 TCo 被中止了,则对应的 TSu 也同样被中止,以确保所有数据都能够保持正确。如果事务被中止,其 OPri 值不会被清楚,以防止事务处于饥饿状态。

图 7.9 中是两事务发生冲突时,进行仲裁的情况。对于 TOB$_1$ 和 TOB$_2$,都要进行列表的插入。当两者都要在同一个位置进行插入操作时,TOB$_1$ 和 TOB$_2$ 发生了冲突。根据片上事务存储的冲突策略,对两个片上事务的 TPri 值进行比较。当 TOB$_1$ 的优先权高于 TOB$_2$ 的优先权时,TOB$_1$ 继续执行,TOB$_2$ 被阻塞;反之,TOB$_2$ 继续执行,TOB$_1$ 被阻塞。在进行优先权的比较时,存在特殊情况,即被比较的事务具有相同的优先级,此时则采用对 LPri 的比较来进行判断。因此在 TOB$_1$ 的优先权与 TOB$_2$ 的优先权相同时,则比较 TOB$_1$ 和 TOB$_2$ 各自的 LPri,选择让先开始的事务继续执行,后开始的事务进入阻塞状态。尽管阻塞可能带来一定的延迟,但是由于事务被中止所导致的回滚和事务重启带来的损失更大,因此阻塞能在一定程度上减少性能损失。

被阻塞的事务持续等待,直到数据可用,如图 7.10 所示。当 TOB$_2$ 与 TOB$_1$ 发

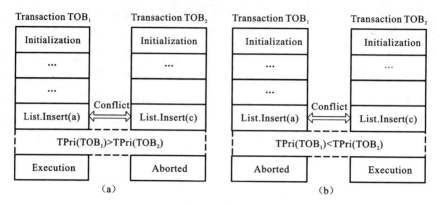

图 7.9   冲突事务的仲裁

生冲突而被阻塞后,TOB_2 处于阻塞状态进行等待。每过一个等待时间 T_{wait},TOB_2 会尝试访问产生冲突的数据。如果 TOB_1 仍在使用该数据,根据冲突仲裁的规则,TOB_2 的优先权仍然低于 TOB_1 的优先权。因此 TOB_2 不得不仍处于阻塞状态。直到 TOB_1 提交成功,或者因为中止释放了共享数据。当 TOB_2 因多次试图继续执行而不能获得成功后,TOB_2 将被中止。

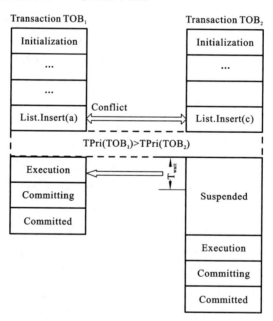

图 7.10   阻塞事务的等待与执行

7.3.2   片上事务的嵌套方式

嵌套事务能够提高事务存储的性能。在语义上不发生冲突时,两个或者两个以上的事务能够在执行时进行嵌套。嵌套事务在不同类型的事务存储中均得到了支持。嵌套事务允许在某个事务的执行过程中，再加入新的事务。嵌套事务分为三种，分别是开放嵌套事务、紧密嵌套事务和平滑嵌套事务。其中，开放嵌套事务的内部嵌套事务相对独立，只要内部嵌套事务提交成功，则其修改操作立即变为外部可见；紧密嵌套事务中的内部嵌套事务不具有独立性，由外部事务来控制内部嵌套事务所提交成功的数据的外部可见性；平滑嵌套事务中，内部嵌套事务的中止会引起外部事务的中止。嵌套的事务可以不冲突地实现对数据的操作，提高事务的效率。

片上事务存储同样提供了对事务存储嵌套的支持。SPMH 能够通过 readset 和 writeset 来保持对数据修改的跟踪和记录，同时保留原始数据记录。事务修改前的数据可以通过 SPMH 来获得。如果发生了冲突，SPMH 能够进行数据恢复以消除被中止事务的操作所带来的影响。

嵌套事务中的外部事务（outer transaction）称为父事务（parent transaction，PT），如图 7.11 所示中的 TOB_1；嵌套事务中的内部事务（inner transaction）称为子事务（leaf transaction，LT），如图 7.11 所示中的 TOB_2。一个事务的全部外部事务称为祖先事务集合（ancestor transaction Set，ATS）。一个事务的全部内部嵌套事务称为子事务集合（leaf transaction set，LTS）。片上事务存储采用了开放事务存储模式，在事务执行期间，提交成功的事务所完成操作将会合并到其父事务当中，每个 LT 的操作都会合并到其 PT 当中，最后，所有的操作都合并到最外部的事务中。每个提交成功的 LT 所完成的修改操作，都会独立进行提交；在其 PT 被中止时，这些提交成功的操作不会被撤销。

图 7.11 中有两个事务 TOB_1 和 TOB_2 构成了嵌套事务。其中 TOB_1 是外部事务即 PT，TOB_2 是内部事务即 LT。在嵌套事务的执行过程中，存在四个时间点。其中，时间点（1）和时间点（2）分别是 TOB_1 和 TOB_2 生命周期的开始，时间点（3）是 TOB_2 提交成功的时间，TOB_2 的生命周期结束；此时，SPMH 删除从片上可编程存储器中删除 TOB_2 的 TIB。SPMH 将已提交成功的数据合并到 TOB_1。TOB_2 最终完成提交操作后，对共享数据的修改，不会因为 TOB_1 的中止而导致无效。

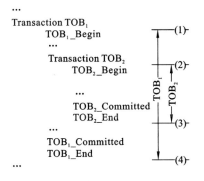

图 7.11　嵌套的片上事务存储

7.3.3　片上事务存储嵌套模型

事务 TOB_1 在嵌套事务中既可以是外部事务,也可以是内部嵌套事务,或者同时具备两者的地位。当 TOB_1 的 ATS 为空集且该事务不存在于任何其他事务的 ATS 中时,该事务为独立的非嵌套事务;当 TOB_1 的 ATS 为空且该事务存在于至少一个事务的 ATS 中时,该事务为最外部事务;当 TOB_1 的 ATS 不为空,且该事务存在于至少一个事务的 ATS 中时,该事务为内部嵌套事务;当 TOB_1 的 ATS 不为空,且该事务不存在于任何其他事务的 ATS 中时,该事务为最内部嵌套事务。对于任何一个嵌套事务 TOB_i,需要满足如下条件:

$$(ATS(TOB_i) \neq \varnothing) | (TOB \in ATS(TOB_j)) \qquad (7.4)$$

而嵌套事务 TOB_i 的祖先事务集合可以通过如下方式获取。当 TOB_i 为最外部事务时:

$$ATS(TOB_i) = \varnothing \qquad (7.5)$$

当 TOB_i 不是最外部事务时:

$$ATS(TOB_i) = PT(TOB_i) \bigcup ATS(TOB_i) \qquad (7.6)$$

对于 TOB_i 来说,其 LTS 可以通过如下方式获取:

$$LTS(TOB_i) = \{ TOB_j, TOB_i \in ATS(TOB_j), i \neq j \} \qquad (7.7)$$

SPMH 为每个事务维护一个 TIB。每个事务的父事务,都可以通过 TIB 中的 PT ID 获取,从而可以得到每个事务的 ATS。在获取每个事务的 ATS 后,每个事务的 LTS 也可以获取到。此外,该事务的所有操作、事务的状态等均可以通过 TIB 获取。对于某个嵌套事务集合(Nested Transaction Set,NTS),其成员由所有具有嵌套关系的事务构成,即任取该 NTS 中的一个事务,它与该 NTS 中的另一个事务具有确定的嵌套关系。

对于 NTS 中的事务,嵌套事务之间的关系可以进行明确的定义。对于任意两个或者多个具有嵌套关系的事务,存在四种状态关系:

子事务和父事务均成功提交,子事务中止,子事务未提交成功、父事务中止和子事务提交成功后父事务中止

4 种状态关系中,数据变化的如图 7.12 所示。图中左侧为两个嵌套事务 TOB_1 和 TOB_2 之间的嵌套关系。其中,TOB_1 为外部事务,TOB_2 为内部嵌套事务。图中右侧为涉及的数据修改变化。外部事务 TOB_1 和内部嵌套事务 TOB_2 均对 sum 进行了修改。

从图中可以发现,针对四种不同的状态关系,内外部事务的提交和数据可见性分别如下:

子事务 TOB_2 和父事务 TOB_1 均成功提交。子事务 TOB_2 提交成功后,Sum 值为 2,此时为外部可见。在父事务 TOB_1 也提交成功后,Sum 值为 3,此时为外部可见。由于所有事务均成功提交,则最终的 Sum 值为 3,是外部可见值。

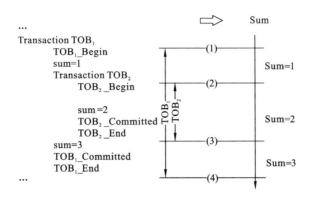

图 7.12　嵌套事务的状态关系

子事务 TOB_2 中止。当 TOB_2 中止时,该事务的全部操作无效,需要回滚。这就意味着 TOB_2 对 sum 的修改无效,通过回滚操作,此时 Sum＝1。等待该事务重新启动。

子事务 TOB_2 提交未提交成功,父事务 TOB_1 中止。由于父事务中止,需要回滚;而此时 TOB_2 尚未提交成功,则 TOB_2 同样被中止,需要回滚操作。因此 Sum 值恢复到原始数据。

子事务 TOB_2 提交成功后父事务 TOB_1 中止。子事务 TOB_2 提交成功后,Sum 值为 2,此时为外部可见。在父事务 TOB_1 中止后,所有修改均恢复为初始数据。但是由于 TOB_2 已经提交成功,此时 Sum 值为 2,为外部可见值。

7.3.4　嵌套的片上事务接口定义

对于嵌套事务,位于嵌套事务中的事务对象被压到嵌套事务栈中,嵌套事务中事务对象的执行顺序按照栈访问"后进先出"的顺序。外部事务首先被压入嵌套事务栈(以下简称栈)中,然后是第一个内部事务,接着是第二个内部事务,以此类推,只有最后一个出现的内部事务在运行。如图 7.13(a)所示,对于嵌套事务 TOB_1、TOB_3 和 TOB_5,TOB_5 是外部事务,首先被压入栈,然后是 TOB_3,最后是 TOB_1;在 TOB_1 提交后,如图 7.13(b)所示,TOB_1 首先从栈中释放。

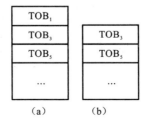

图 7.13　嵌套的片上事务存储栈

在事务对象的生命周期中,在处于运行或者是等待提交状态时,如果有两个或者两个以上事务对象处于运行或等待提交状态,需要进行冲突检查,确认是否存在冲突。如果发生冲突,则根据冲突仲裁策略进行仲裁,并根据仲裁结果进行处理,保留一个事务对象的操作结果,将其他事务对象的操作还原。还原的操作通过读取其他事务对象在存储空间中的原始数据(original line)的操作,对冲突事务对象所做的所有数据修改操作进行还原。例如,对于 TOB_1 和 TOB_2 冲突,根据仲裁结果,TOB_1 可以提交,TOB_2 需要回滚,TOB_2 修改过的内存地址包括地址 A,地址 B,地址 C,则从 TOB_2 在片上可编程存储器空间中的记录,读取到地址 A、地址 B、地址 C 的原始数据,将之重新写回地址 A、地址 B、地址 C。

通过片上事务存储操作接口来对片上事务进行访问,包括:

事务提交接口;

事务撤销接口;

事务状态获得接口;

事务是否处于活动状态接口;

嵌套事务对象启动接口;

嵌套事务对象提交接口;

嵌套中止接口。

具体可以定义为:

Commit()为事务提交接口;

Abort()为事务撤销接口;

getStatus()为事务状态获得接口;

Validate()为事务是否处于活动状态接口;

StartNested()为嵌套事务对象启动接口;

CommitNested()为嵌套事务对象提交接口;

AbortNested()为嵌套中止接口。

7.4　性能分析

在进行性能分析时所采用的测试环境和测试程序如 3.3.4 节中关于“增加片上事务存储后,片上软件系统的测试”部分所述。在进行片上事务存储的性能分析时,其测试被分为两类。一类是每个测试程序所提交的事务的数量;而另一类则是测试多线程环境下,片上事务存储与锁机制各自的执行效率。图 7.14 和图 7.15 是在不同处理器核数量时,List 和 HashMap 所提交的事务数量。当处理器核的数量增加时,系统会创建并提交更多的事务以实现在更多处理器核情况下对共享对象的有效管理。当并行的线程数量增加时,更多的并行线程也会创建出更多的事务。当然尽管可能存在一定的冲突事务,但是数量更多的事务得以成功提交。

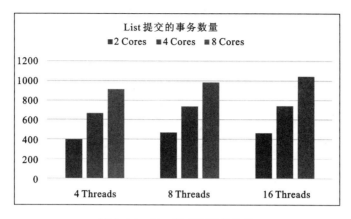

图 7.14　List 提交的事务数量

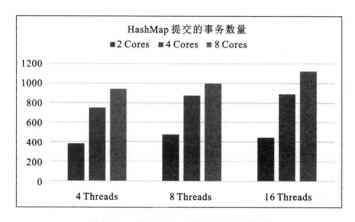

图 7.15　HashMap 提交的事务数量

　　与传统的锁机制相比,事务存储能够避免由于加锁而导致的等待的发生。图 7.16 和图 7.17 分别是 List 和 HashMap 在 MPSoC 上的性能表现。其中 SPMTM 是指片上事务存储,Locks 是指传统的锁机制。当只有一个处理器核时,锁机制的性能要比片上事务存储的性能好。这是由于片上事务存储需要花费更多的时间创建、初始化、中止事务,并完成事务的其他操作。但是由于只有一个处理器核,也只有一个线程在执行,因此片上事务存储的并行优势得不到发挥,从而降低了效率。而当处理器核的数量增加时,锁机制所带来的延迟超过了片上事务存储的操作带来的损失,此时片上事务存储表现出了更好的性能。随着处理器核数目的不断增加,锁机制也变得越来越复杂,从而使得性能下降更快。相反的,片上事务存储的并行优势得到利用,对并行多线程的支持更好,从而带来了系统性能的提升。

　　片上事务存储支持嵌套事务,嵌套事务与非嵌套事务之间的性能比较如图 7.18所示。当处理器核的数量较少时,非嵌套事务的性能比嵌套事务要好。这是由于此时受到处理器核数目的限制,嵌套事务的中止所带来的事务回滚会带来更多的性能损失。但是当处理器核的数目增加后,可用计算资源增加,嵌套事务的性能要优于非嵌套事务。处理器核的数目越多,嵌套事务的优势更能够得到利用。

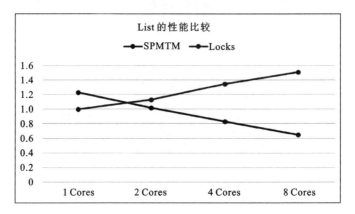

图 7.16　List 的性能比较

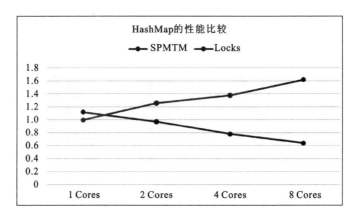

图 7.17　HashMap 的性能比较

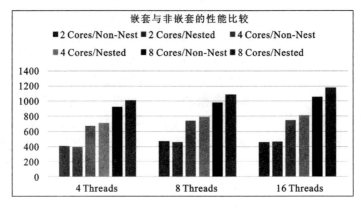

图 7.18　嵌套与非嵌套的性能比较

后　　记

　　作为芯片集成度不断提高的结果,片上集成的存储器容量越来越大。与传统的片外存储器和片上硬件控制的存储器相比,片上可编程存储器具有访问速度快、功耗低的特点。这使得存储器的层次得到了进一步扩展。基于片上可编程存储器,本书提出了片上软件系统,从基于片上可编程存储器的片上嵌入式软件系统整体着手,来进行嵌入式系统性能提升和功耗降低的研究。

　　随着集成电路技术和计算机体系结构的发展,SOC 技术与片上网络将会成为处理器体系结构的重要研究方向。与此同时,在嵌入式系统中,如何在提高处理器性能的同时,降低系统的能耗,加快程序的运行速度,将成为嵌入式方向持续的研究热点。作为低功耗、高速的存储器,片上可编程存储器很快就会普遍应用到嵌入式处理器上,成为嵌入式处理器片上存储器的标准配置。片上软件系统已经构建出了较为完整的多层次片上可编程存储器使用方法。随着技术的发展,结合嵌入式体系结构的新变化,片上软件系统仍可以进行新的扩展。

　　首先是针对片上网络结构的片上软件系统扩展。目前片上可编程存储器的分布以单层次为主,即使是在多核嵌入式处理器上,处理器核的数量也相对较少。而在片上网络结构中,由于处理器核数量的急剧增加,将会出现多层次网络化的片上可编程存储器组织结构。如何在片上网络结构下进行片上软件系统的扩展需要进行进一步的研究。

　　其次是针对多线程编程语言的优化。在多核处理器逐渐成熟之后,面向多核体系结构的编程模型和编程语言也将随之出现。而片上软件系统对多线程优化的研究尽管能够提高系统性能,但是如何与多核编程语言相结合进行优化,是片上软件系统进行扩展的潜在方向。

　　第三点是自动生成的编译优化工具的设计与实现。片上软件系统的实现目前仍然需要较多的人工参与,不利于片上软件系统的扩展与应用。因此,作为片上软件系统的进一步扩展,需要设计与开发能够更进一步进行自动化处理的编译优化工具。

参 考 文 献

[1] Caspi P,Sangiovanni-Vincentelli A,Almeida L,et al. Guidelines for a graduate curriculum on embedded software and systems[J]. ACM Transactions on Embedded Computing Systems,2005,4(3):587-611.

[2] Chen Tianzhou, Huang Jiangwei, Hu Wei. SMART:The next generation software platform of embedded system[C]. Proceedings of the IASTED International Conference on Modelling and Simulation,2005:18-20.

[3] Turley J. Embedded Processors by the Numbers[EB/OL]. http://www. Embedded. com/1999/9905/9905turley. htm.

[4] Ampro's EnCore Family of Processor-Independent Modules for Embedded Systems[EB/OL]. 2000, http://www. ampro. com/assets/applets/EnCore_ Back grounder. PDF.

[5] Napper S. Embedded-system design plays catch-up [J]. Computer,1998,31 (8):118-120.

[6] Wolf W. Computers as Components:Principles of Embedded Computing System Design[M]. Palo Alto,CA:Morgan Kaufmann,2005.

[7] Moore G E. No exponential is forever:but "Forever" can be delayed! [C]. Proceedings of IEEE International Solid-State Circuit Conference. 2003: 20-23.

[8] Marwedel P. Embedded System Design[M]. Dordrecht,The Netherlands: Kluwer Academic Publisher,1 edition,2003.

[9] Kirsch C M, Wilhelm R. Grand challenges in embedded software[C]. Proceedings of the 7th ACM \ & IEEE international conference on Embedded software. 2007:2-6.

[10] International Techbology Roadmap for Semiconductors [EB/OL]. http:// www. public. itrs. net.

[11] Birnbaum M, Sachs H. How VSIA answers the SOC dilemma [J]. Computer. 1999,32(6):42-50.

[12] Rajsuman R. System-on-a-Chip Design and Test[M]. Boston,MA:Kluwer

Academic Publisher,2000.

[13] Keating M,Bricaud P. Reuse Methodology Manual: For System-on-a-Chip Designs[M]. Boston,MA: Kluwer Academic Publisher,3 edition,2002.

[14] Saleh R, Wilton S, et al. System-on-Chip: Reuse and Integration[J]. Proceedings of the IEEE,2006,94(6):1050-1069.

[15] Chang H,Cooke L,Hunt M,et al. Surviving the SOC Revolution:A Guide to Platform-Based Design [M]. Boston, MA: Kluwer Academic Publisher,1999.

[16] Cesario W, Baghdadi A, Gauthier L, et al. Component-Based Design Approach for Multicore SoCs [C]. Proceedings of Design Automation Conference,2002:789-794.

[17] Nakano H, Kodaka T, Kimura K, et al. Memory Management for Data Localization on OSCAR Chip Multiprocessor[C]. Proceedings of Innovative Architecture for Future Generation High-Performance Processors and Systems,2004:82-88.

[18] Krishnan V,Torrellas J. A chip-multiprocessor architecture with speculative multithreading[J]. IEEE Transactions on Computers,1999,48(9):866-880.

[19] Spracklen L, Abraham S G. Chip multithreading: opportunities and challenges[C]. Proceedings of High-Performance Computer Architecture, 2005,pp: 248-252.

[20] Machanick P. Approaches to Addressing the Memory Wall[R]. School of IT and Electrical Engineering,University of Queensland,2002.

[21] Wulf W A, Mckee S A. Hitting the Memory Wall: Implications of the Obvious[J]. ACM ComputerArchtiecture News,1995,23(1):24-29.

[22] Panda P R,Catthoor F,Dutt N D,et al. Data and Memory Optimization Techniques for Embedded Systems [J]. ACM Transactions on Design Automation of Electronic Systems,2001,6(2):149-206.

[23] Kandemir M,Choudhary A. Compiler-directed scratch pad memory hierarchy design and management[C]. Proceedings of the 39th conference on Design automation,2002:628-633.

[24] Wuytack S,Catthoor F,Nachtergaele L,et al. Power exploration for data dominated video applications[C]. Proceedings of International Symposium on Low Power Electronics and Design,1996:359-364.

[25] Benini L, Macii A, Poncino M. Energy-Aware Design of Embedded Memories: A Survey of Technologies, Architectures, and Optimization Techniques[J]. ACM Transactions on Embedded Computing Systems,2003, 2(1):5-32.

[26] Watanabe T，Fujita R，Yanagisawa K. Low-power and high-speed advantages of DRAM-logic integration for multimedia systems[J]. IECE Transactions on Electron，80(12):1523-1531.

[27] Nguyen N，Dominguez A，Barua R. Memory Allocation for Embedded Systems with a Compile Time Unknown ScratchPad Size[C]. Proceedings of international conference on Compilers，Architectures and Synthesis for Embedded Systems，2005:115-125.

[28] Hennessy J，Patterson D. Computer Architecture A Quantitative Approach [M]. Palo Alto，CA:Morgan Kaufmann，3 edition，2002.

[29] Panda P R，Dutt N D，Nicolau A. Efficient Utilization of Scratch-Pad Memory in Embedded Processor Applications[C]. Proceedings of the 1997 European conference on Design and Test，1997:7-11.

[30] Wu H，Ravindran B，Jensen E D，et al. Energy-aware systems: Energy-efficient，utility accrual scheduling under resource constraints for mobile embedded systems [C]. Proceedings of International Conference on Embedded Software，2004:64-73.

[31] Miller J E，Agarwal A. Software-based instruction caching for embedded processors [C]. Proceedings of the 12th international conference on Architectural support for programming languages and operating systems，2006:293-302.

[32] Kamble M B，Ghose K. Analytical energy dissipation models for low power Caches [C]. Proceedings of International Symposium on Low Power Electronics and Design，1997:143-148.

[33] Marwedel P，Wehmeyer L，Verma M，et al. Fast，predictable and low energy memory references through architecture-aware compilation[C]. Proceedings of the 2004 conference on Asia South Pacific design automation，2004: 4-11.

[34] Marwedel P，Wehmeyer L. Influence of Memory Hierarchies on Predictability for Time Constrained Embedded Software[C]. Proceedings of the conference on Design，Automation and Test in Europe，2005:600-605.

[35] Wilton S J E，Jouppi N P. CACTI:an enhanced Cache access and cycle time model[J]. IEEE Journal of Solid-State Circuits，31(5):677-688.

[36] Wolf W，Kandemir M. Memory system optimization of embedded software [J]. Proceedings of the IEEE，91(1):165-182.

[37] Steinke S，Wehmeyer L，Lee B，et al. Assigning Program and Data Objects to Scratchpad for Energy Reduction[C]. Proceedings of the conference on Design，automation and test in Europe，2002:409-415.

[38] Chen Tianzhou，Huang Jiangwei，Dai Hongjun，et al. The Modeling Of

Power Management For Complex System Using Normal Distribution[C]. Proceedings of the 24th IASTED International Conference on Modelling, Identification,and Control,2005:306-309.

[39] Banakar R,Steinke S,Lee B S,et al. Comparison of Cache-and Scratch-pad-based Memory Systems with Respect to Performance, Area and Energy Consumption[R]. Dortmund:University of Dortmund,2001.

[40] Panel I. Compilation Challenges for Network Processors[EB/OL]. ACM Conference on Languages, Compilers and Tools for Embedded Systems,2003.

[41] Panda P R,Dutt N D,Nicolau A. On-chip vs off-chip memory: the data partitioning problem in embedded processor-based systems[J]. ACM Trans. Des. Autom. Electron. Syst. ,5(3):682-704.

[42] Motorola/Freescale. MPC500 32-bit MCU Family[EB/OL]. 2002,http:// www. freescale. com/files/microcontrollers/doc/factsheet/MPC500FACT. pdf.

[43] Philips. LPC2290 16/32-bit Embedded CPU[EB/OL]. 2004. http://www. semiconductors. philips. com/acrobatdownload/datasheets/LPC2290-01. pdf.

[44] Intel Corporation. Intel XScale ® PXA27x Processor Family[EB/OL]. http://www. intel. com/design/pca/probref/253820. htm.

[45] Marvell Corporation. Marvell PXA320 Processor Series Brief[EB/OL]. http://www. marvell. com/products/cellular/application/PXA320 _ PB _ R4. pdf.

[46] Motorola/Freescale. Dragonball MC68SZ328 32-bit Embedded CPU[Eb/OL]. 2003, http://www. freescale. com/files/32bit/doc/fact sheet/MC68SZ328FS. pdf.

[47] Motorola Corporation. CPU12 Reference Manual[EB/OL]. 2000. http:// e-www. motorola. com/brdata/PDFDB/MICROCONTROLLERS/16 BIT/ 68HC12 FAMILY/REF MAT/CPU12RM. pdf.

[48] Motorola Corporation. M-CORE-MMC2001 Reference Manual[EB/OL]. 1998,http://www. motorola. com/SPS/MCORE/info documentation. htm.

[49] Avissar O,Barua R,Stewart D. Heterogeneous memory management for embedded systems[C]. Proceedings of the 2001 international conference on Compilers,architecture,and synthesis for embedded systems,2001:34-43.

[50] Nayfeh B A,Olukotun K. A single-chip multiprocessor [J]. IEEE Computer. 1997,30(9):79-85.

[51] Cesario W O,et al. Multiprocessor SoC platforms:a component-based design approach [J]. IEEE Design and Test of Computers. 2002,19(6):52-63.

[52] Olukotun K,et al. The case for a single-chip multiprocessor [J]. ACM SIGPLAN Notices. 1996,31(9):2-11.

[53] Intel. Intel® Core™ 2 Duo processor [EB/OL]. http://www. intel. com/ products/processor_number/eng/chart/core2duo. htm.

[54] Daewook K, Manho K, Sobelman G E. DCOS: Cache embedded switch architecture for distributed shared memory multiprocessor SoCs [C]. Proceedings of 2006 IEEE International Symposium on Circuits and Systems,2006:979-982.

[55] Ramamurthi V, et al. System level methodology for programming CMP based multi-threaded network processor architectures [C]. Proceedings of IEEE Computer Society Annual Symposium on VLSI,2005:110-116.

[56] Ando H,Tzartzanis N. Walker W W. A Case Study:Power and Performance Improvement of a Chip Multiprocessor for Transaction Processing[J] IEEE Transactions on Very Large Scale Integration(VLSI)Systems,2005,13(7): 865-868.

[57] Li J, Martinez J F. Dynamic power-performance adaptation of parallel computation on chip multiprocessors[C]. Proceedings of the 12 International Symposium on High-Performance Computer Architecture,2006:77-87.

[58] Ozcan O, Kandemir M, Irwin M J. Increasing on-chip memory space utilization for embedded chip multiprocessors through data compression [C]. Proceedings of the 3rd IEEE/ACM/IFIP international conference on Hardware/software codesign and system synthesis,2005:87-92.

[59] Suhendra V, Raghavan C, Mitra T. Integrated scratchpad memory optimization and task scheduling for MPSoC architectures[C]. Proceedings of the 2006 international conference on Compilers,architecture and synthesis for embedded systems,2006:401-410.

[60] Kandemir M,Ramanujam J,Choudhary A. Exploiting shared scratch pad memory space in embedded multiprocessor systems[C]. Proceedings of the 39th conference on Design automation,2002:219-224.

[61] Absar J,Catthoor F. Reuse analysis of indirectly indexed arrays[J]. ACM Trans. Des. Autom. Electron. Syst. ,2006,11(2):282-305.

[62] Yang C L,Tseng H W,Ho C C,et at. Software-controlled Cache architecture for energy efficiency[J]. IEEE Transactions on Circuits and Systems for Video Technology. 2005,15(5):634-644.

[63] Wehmeyer L,Marwedel P. Influence of memory hierarchies on predictability for time constrained embedded software [C]. Proceedings of Design, Automation and Test inEurope,2005(1):600-605.

[64] Angiolini F, Francesco M, Alberto F, et al. A post-compiler approach to scratchpad mapping of code [C]. Proceedings of the 2004 international

conference on Compilers,architecture,and synthesis for embedded systems,
2004:259-267.

[65] Verma M,Marwedel P. Overlay techniques for scratchpad memories in low
power embedded processors[J]. IEEE Transactions on Very Large Scale
Integration(VLSI)Systems. 2006,14(8):802-815.

[66] Issenin I,Brockmeyer E,Miranda M,et al. DRDU:A data reuse analysis
technique for efficient scratch-pad memory management[J]. ACM Trans.
Des. Autom. Electron. Syst. ,2007,12(2):15-43.

[67] Verma M,Steinke S,Marwedel P. Data partitioning for maximal scratchpad
usage[C]. Proceedings of the 2003 conference on Asia South Pacific design
automation,2003:77-83.

[68] Anantharaman S, Pande S. An Efficient Data Partitioning Method for
Limited Memory Embedded Systems [C]. Proceedings of the ACM
SIGPLAN Workshop on Languages, Compilers, and Tools for Embedded
Systems,1998:108-122.

[69] Avissar O,Barua R,Stewart D. An optimal memory allocation scheme for
scratch-pad-based embedded systems [J]. IEEE Trans. on Embedded
Computing Sys. 2002,1(1):6-26.

[70] Cooper K D,Harvey T H. Compiler-controlled memory[C]. Proceedings of
the eighth international conference on Architectural support for
programming languages and operating systems,1998:2-11.

[71] Panda P R,Miguel N D,Nicolar A. Memory Issues in Embedded systems-
On-Chip[M]. San Francisco, California: Morgan Kaufman Publishers, 1
edition,2005.

[72] Sjodin J,Froderberg B,Lindgren T. Allocation of Global Data Objects in On-
Chip RAM [C]. Proceedings of Compiler and Architecture Support for
Embedded Computing Systems,1998.

[73] Steinke S, Knauer M, Wehmeyer L, et al. An Accurate and Fine Grain
Instruction-Level Energy Model supporting Software Optimizations[C].
Proceedings of the International Workshop on Power and Timing Modeling,
Optimization and Simulation,2001.

[74] Wehmeyer L, Helmig U, Marwedel P. Compiler-optimized usage of
partitioned memories [C]. Proceedings of the 3rd workshop on Memory
performance issues:in conjunction with the 31st international symposium on
computer architecture,2004:114-120.

[75] Sedgewick R. Algorithms[M]. Massachusetts:Addison Wesley,1988.

[76] Garey M R,Johnson D S. Computers and Intractability:A Guide to the

Theory of NP-Completeness[M]. New York,USA:Freeman,1979.

[77] Ozturk O,Chen G,Kandemir M,et al. An integer linear programming based approach to simultaneous memory space partitioning and data allocation for chip multiprocessors[C]. Proceedings of the IEEE Computer Society Annual Symposium on VLSI(ISVLSI),2006:50-58.

[78] Chen Tianzhou, Zhao Yi, Hu Wei, et al. Well Utilization of Cache-Aware Scratchpad Concerning the Influence of the Whole Embedded System[C]. Proceedings of the 2006 IEEE/ASME International Conference on Mechatronic and Embedded Systems and Applications,2006:26-29.

[79] Chen Tianzhou, Zhao Yi, Hu Wei. Assigning Program to Cache-Aware Scrtchpad Concerning the Influence of the Whole Embedded System[C]. Proceedings of International Workshop on Networking, Architecture, and Storages,2006:133-137.

[80] Li L,Gao L,Xue J L. Memory coloring:a compiler approach for scratchpad memory management[C]. Proceedings 14th International Conference on of Parallel Architectures and Compilation Techniques,2005:329-338.

[81] Brockmeyer E,Miranda M,Corporaal H,et al. Layer Assignment echniques for Low Energy in Multi-Layered Memory Organisations[C]. Proceedings of the conference on Design,Automation and Test inEurope,2003.

[82] Egger B, Lee J, Shin H. Scratchpad memory management for portable systems with a memory management unit[C]. Proceedings of the 6th ACM & IEEE International conference on Embedded software,2006:321-330.

[83] Ozturk O,Kandemir M,Demirkiran I,et al. Data compression for improving SPM behavior[C]. Proceedings of the 41st annual conference on Design automation,2004:401-410.

[84] Ravindran A R,Nagarkar P D,Dasika G S. Compiler Managed Dynamic Instruction Placement in a Low-Power Code Cache[C]. Proceedings of the international symposium on Code generation and optimization, 2005: 179-190.

[85] Banerjee U. Loop Transformations for Restructuring Compiler: The Foundations [M]. Boston, USA: Kluwer Academic Publisher, 1 edition,1993.

[86] Issenin I,Brockmeyer E,Miranda M,et al. Data Reuse Analysis Technique for Software-Controlled Memory Hierarchies [C]. Proceedings of the conference on Design,automation and test in Europe,2004(1):202-207.

[87] Kandemir M, Kadayif I, Sezer U. Exploiting scratch-pad memory using Presburger formulas[C]. Proceedings of the 14th international symposium

on Systems synthesis,2001:7-12.

[88] Issenin I,Dutt N. Foray-Gen:Automatic Generation of Affine Functions for Memory Optimizations [C]. Proceedings of the conference on Design, Automation and Test in Europe,2005(2):808-812.

[89] Wang L,Tembe W,Pande S. A Framework forLoop Distribution on Limited On-Chip Memory Processors [C]. Proceedings of the International Conference on Compiler Construction,2000:141-156.

[90] O'Brien K. Techniques for code and data management in the local stores of the cell processor[C]. Proceedings of the 2007 international conference on Compilers,architecture,and synthesis for embedded systems,2007:63-64.

[91] Issenin I,Dutt N. Data reuse driven energy-aware MPSoC co-synthesis of memory and communication architecture for streaming applications[C]. Proceedings of the 4th international conference on Hardware/software codesign and system synthesis,2006:294-299.

[92] Ozturk O,Kandemir M,Irwin M J. Using data compression in an MPSoC architecture for improving performance[C]. Proceedings of the 15th ACM Great Lakes symposium on VLSI,2005:353-356.

[93] Ozturk O, Kandemir M, Chen G, et al. Customized on-chip memories for embedded chip multiprocessors[C]. Proceedings of the 2005 conference on Asia South Pacific design automation,2005:743-748.

[94] Kandemir M,Ozturk O,Karakoy M. Dynamic on-chip memory management for chip multiprocessors [C]. Proceedings of the 2004 international conference on Compilers,architecture,and synthesis for embedded systems, 2004:14-23.

[95] Xue L P,Kandemir M,Chen G Y,et al. SPM conscious loop scheduling for embedded chip multiprocessors [C]. Proceedings of 12th International Conference on Parallel and Distributed Systems,2006(1):391-400.

[96] Kandemir M,Kadayif I,Choudhary A,et al. Compiler-directed scratch pad memory optimization for embedded multiprocessors[J]. IEEE Transactions on Very Large Scale Integration(VLSI)Systems,2004,12(3):281-287.

[97] Ozturk O, Kandemir M, Kolcu I. Shared scratch-pad memory space management[C]. Preceedings of 7th International Symposium on Quality Electronic Design,2006:576-584.

[98] Ramachandran A,Jacome M F. Xtream-fit:an energy-delay efficient data memory subsystem for embedded media processing[J]. IEEE Transactions on Computer-Aided Design of Integrated Circuits and Systems,2005,24(6): 832-848.

[99] Ramachandran A, Jacome M F. Energy-delay efficient data memory subsystems:suitable for embedded media " processing" [J]. IEEE Signal Processing Magazine,2005,22(3):23-37.

[100] Ruggiero M, Guerri A, Bertozzi D, et al. Communication-aware allocation and scheduling framework for stream-oriented multi-processor systems-on-chip[C]. Proceedings of the conference on Design, automation and test in Europe,2006:3-8.

[101] Scholz B, Burgstaller B, Xue J L. Minimizing bank selection instructions for partitioned memory architecture[C]. Proceedings of the 2006 international conference on Compilers, architecture and synthesis for embedded systems, 2006:201-211.

[102] Udayakumaran S, Barua R. Compiler-decided dynamic memory allocation for scratch-pad based embedded systems [C]. Proceedings of the 2003 international conference on Compilers, architecture and synthesis for embedded systems,2003:276-286.

[103] Udayakumaran S, Dominguez A, Barua R. Dynamic allocation for scratch-pad memory using compile-time decisions [J]. Trans. on Embedded Computing Sys. ,2006,5(2):472-511.

[104] Udayakumaran S, Barua R. An integrated scratch-pad allocator for affine and non-affine code [C]. Proceedings of the conference on Design, automation and test inEurope,2006:925-930.

[105] Verma M, Wehmeyer L, Marwedel P. Dynamic overlay of scratchpad memory for energy minimization[C]. Proceedings of the 2nd IEEE/ACM/IFIP international conference on Hardware/software codesign and system synthesis,2004:104-109.

[106] Zhang C H, Kurdahi F. On combining iteration space tiling with data space tiling for scratch-pad memory systems [C]. Proceedings of the 2005 conference on Asia South Pacific design automation,2005:973-976.

[107] Kandemir M, Ramanujam J, Irwin M J, et al. A compiler-based approach for dynamically managing scratch-pad memories in embedded systems [J]. IEEE Transactions on Computer-Aided Design of Integrated Circuits and Systems,2004,23(2):243-260.

[108] Absar J, Catthoor F. Analysis of scratch-pad and data-Cache performance using statistical methods[C]. Proceedings of the 2006 conference on Asia South Pacific design automation,2006:820-825.

[109] Kumar T S R, Govindarajan R, Kumar C P R. Optimal code and data layout

in embedded systems[C]. Proceedings of 16th International Conference on VLSI Design,2003:573-578.

[110] Kandemir M,Ramanujam J,Irwin J,et al. Dynamic management of scratch-pad memory space[C]. Proceedings of the 38th conference on Design automation,2001:690-695.

[111] Kim S,Tomar S,Vijaykrishnan N,et al. Energy-efficient Java execution using local memory and object co-location[J]. IEE Proceedings of Computers and Digital Techniques,2004,151(1):33-42.

[112] Chong K F,Ho C Y,Fong A S. Pretenuring in Java by Object Lifetime and Reference Density Using Scratch-Pad Memory[C]. Proceedings of 15th EUROMICRO International Conference on Parallel, Distributed and Network-Based Processing,2007,205-212.

[113] Nguyen N,Dominguez A,Barua R. Scratch-pad memory allocation without compiler support for java applications [C]. Proceedings of the 2007 international conference on Compilers, architecture, and synthesis for embedded systems,2007:85-94.

[114] Janapsatya A, Ignjatovic A, Parameswaran S. Exploiting statistical information for implementation of instruction scratchpad memory in embedded system[J]. IEEE Transactions on Very Large Scale Integration (VLSI)Systems,2006,14(8):816-829.

[115] Janapsatya A, Ignjatovic A, Parameswaran S. A novel instruction scratchpad memory optimization method based on concomitance metric [C]. Proceedings of the 2006 conference on Asia South Pacific design automation,2006:612-617.

[116] Angiolini F,Benini L,Caprara A. Polynomial-time algorithm for on-chip scratchpad memory partitioning[C]. Proceedings of the 2003 international conference on Compilers,architecture and synthesis for embedded systems,2003:318-326.

[117] Angiolini F,Benini L,Caprara A. An efficient profile-based algorithm for scratchpad memory partitioning[J]. IEEE Transactions on Computer-Aided Design of Integrated Circuits and Systems,2005,24(11):1660-1676.

[118] Panda P R,Dutt N D,Nicolau A,et al. Data memory organization and optimizations in application-specific systems[J]. IEEE Design & Test of Computers,2001,18(3):56-68.

[119] Kandemir M,Kadayif I. Compiler-directed selection of dynamic memory layouts [C]. Proceedings of the ninth international symposium on

Hardware/software codesign,2001:219-224.

[120] Chen G, Ozturk O, Kandemir M, et al. Dynamic scratch-pad memory management for irregular array access patterns[C]. Proceedings of the conference on Design,automation and test in Europe,2006:931-936.

[121] Abdelkhalek A M,Abdelrahman T S. Locality management using multiple SPMs on the Multi-Level Computing Architecture[C]. Proceedings of the 2006 IEEE/ACM/IFIP Workshop on Embedded Systems for Real Time Multimedia,2006:67-72.

[122] Banakar R,Steinke S,Lee B,et al. Scratchpad memory:a design alternative for Cache on-chip memory in embedded systems[C]. Proceedings of the 10th International Symposium on Hardware/Software Codesign, 2002: 73-78.

[123] Francesco P, Marchal P, Atienza D. An integrated hardware/software approach for run-time scratchpad management[C]. Proceedings of the 41st annual conference on Design automation,2004:238-243.

[124] Kandemir M, J. Irwin M, Chen G, et al. Compiler-guided leakage optimization for banked scratch-pad memories[J]. IEEE Transactions on Very Large Scale Integration(VLSI)Systems,2005,13(10):1136-1146.

[125] Kandemir M, Irwin M J, Chen G, et al. Banked scratch-pad memory management for reducing leakage energy consumption[C]. Proceedings of the 2004 IEEE/ACM International conference on Computer-aided design, 2004:120-124.

[126] Egger B,Kim C,Jang C,et al. A dynamic code placement technique for scratchpad memory using postpass optimization[C]. Proceedings of the 2006 international conference on Compilers,architecture and synthesis for embedded systems,2006:223-233.

[127] Chen G,Li F,Ozturk O. Leakage-aware SPM management[C]. Proceedings of IEEE Computer Society Annual Symposium on Emerging VLSI Technologies and Architectures,2006:393-398.

[128] Golubeva O, Loghi M, Poncino M, et al. Architectural leakage-aware management of partitioned scratchpad memories[C]. Proceedings of the conference on Design,automation and test in Europe,2007,1665-1670.

[129] Dominguez A,Udayakumaran S,Barua R. Heap data allocation to scratch-pad memory in embedded systems[J]. Journal of Embedded Computing, 2005,1(4):521-540.

[130] Mamidipaka M,Dutt N. On-chip Stack Based Memory Organization for

Low Power Embedded Architectures[C]. Proceedings of the conference on Design,Automation and Test inEurope,2003(1):1082-1087.

[131] Nguyen N,Dominguez A,Barua R. Memory allocation for embedded systems with a compile-time-unknown scratch-pad size[C]. Proceedings of the 2005 international conference on Compilers,architectures and synthesis for embedded systems,2005:115-125.

[132] Park S,Park H,Ha S. A novel technique to use scratch-pad memory for stack management [C]. Proceedings of the conference on Design, automation and test inEurope,2007:1478-1483.

[133] Dominguez A,Nguyen N,Barua R. Recursive function data allocation to scratch-pad memory[C]. Proceedings of the 2007 international conference on Compilers, architecture, and synthesis for embedded systems, 2007: 65-74.

[134] Cho D,Issenin I,Dutt N,et al. Software controlled memory layout reorganization for irregular array access patterns[C]. Proceedings of the 2007 international conference on Compilers,architecture,and synthesis for embedded systems,2007:179-188.

[135] Larus J R,Rajwar R. Transactional Memory [M]. Morgan and Claypool,2007.

[136] Blundell C,Devietti J,Lewis E C,et al. :Making the fast case common and the uncommon case simple in unbounded transactional memory [C]. Proceedings of the 34th Annual International Symposium on Computer Architecture(ISCA 07),2007:24-34.

[137] Shavit N,Touitou D. Software transactional memory. Distributing Computing[J],1997,10:99-116.

[138] Shriraman A,Spear M F,Hossain H. An integrated hardware-software approach to flexible transactional memory[C]. Proceedings of the 34th annual international symposium on Computer architecture (ISCA 07), 2007:104-115.

[139] Virtutech Simics. http://www. virtutech. com/products/

[140] CodeSourcery. http://www. codesourcery. com/

[141] Hu Wei,Chen Tianzhou,Xie Bin,et al. Embedded Real-Time Linux on Chip: Next Generation Operation System for Embedded System [C]. Proceedings of Eighth Real-Time Linux Workshop,2006:167-172.

[142] Guthaus M R,et al. Mibench:A free,commercially representative embedded benchmark suite [C]. In IEEE Annual Workshop on Workload

Characterization,2001:3-14.

[143] Lee C, Potkonjak M, Manione-Smith W H. Mediabench: A tool for evaluating multimedia and communications systems[C]. Proceedings of 30th Annu. IEEE Conf. Microarchitecture,1997:330-335.

[144] Hammond L, Wong V, Chen M, et al: Transactional Memory Coherence and Consistency[C]. Proceedings of the 31st annual international symposium on Computer architecture,2005:102-113.